向内生长

持续一生的修炼和精进

陈勇 著

图书在版编目（CIP）数据

向内生长：持续一生的修炼和精进 / 陈勇著.
北京：当代中国出版社，2024. 10. -- ISBN 978-7
-5154-1494-2

Ⅰ．B821-49

中国国家版本馆 CIP 数据核字第 202421Y0C4 号

出 版 人	王　茵
责任编辑	陈　莎　柯琳娟
策划支持	华夏智库·张　杰
责任校对	贾云华　康　莹
出版统筹	周海霞
封面设计	回归线视觉传达
出版发行	当代中国出版社
地　　址	北京市地安门西大街旌勇里 8 号
网　　址	http://www.ddzg.net
邮政编码	100009
编 辑 部	（010）66572180
市 场 部	（010）66572281　66572157
印　　刷	香河县宏润印刷有限公司
开　　本	710 毫米×1000 毫米　1/16
印　　张	14.5 印张　175 千字
版　　次	2024 年 10 月第 1 版
印　　次	2024 年 10 月第 1 次印刷
定　　价	78.00 元

版权所有，翻版必究；如有印装质量问题，请拨打（010）66572159 联系出版部调换。

| 推荐序 |

涵养心海 春暖花开

《向内生长》，是作者继《思维的力量》之后的一部成长学专著，是作者自己成长历程的分享。

作者小时候家境贫寒，原生家庭里缺乏应有的关爱，他在逆境中循正道，修正气，走正路。他靠"向内"修炼，"生长"为大学生、教师、公务员，当了乡长、局长；于中国加入WTO的当年毅然"下海"，由零资本起步的打工仔，到小老板、公司老总、跨国公司董事长；既是五一劳动奖章获得者，又是黄海明珠领军人才。他研制的一款科技产品被评定为"科技创新优秀发明成果"，他也因之被评为"科技创新影响力人物"。他一路走来，命运坎坷而丰盈，每每低谷处反弹，逆境处崛起，如果没有"向内"修炼的强大内心，难以实现今天的成就。

向内生长是一种修炼，是内心的涵养，是自我治愈，是自省、自强、自励。在作者心里，人，犹如一棵树，通过孜孜不倦地向内生长，也许表面看上去并没有因此而繁花似锦、枝繁叶茂，却达到了自我与自然的和谐与和解，从而使自己踏实而坚定，宁静而丰盈。

向内生长的"向内"是修炼，"生长"才是目的。一味"向内"而不求

"生长"，那是"内向"。"生长"才是终极目的，是责任，是担当，是价值。

　　作者上大学学的是理科，在学校教高中物理，是一个典型的"理科男"，现在又涉足理论研究，先是思维学专著《思维的力量》出版，接着成长学专著《向内生长》即将付梓，这一次次的华丽转身，令人惊喜。其实，向内生长的人，对一切感兴趣的东西，都会"玩"得风生水起，自由自在。作者不仅管理企业游刃有余，工作之余，书法、篮球、吉他、萨克斯皆得心应手。人性的解放，内心的自由，本来就是"向内生长"的至高境界。

　　涵养心海，春暖花开。

　　我们期待作者的管理学专著早日出版，完成其三部曲。

安徽省六安市民间文艺家协会原主席　朱德奎
2024年6月

前 言

亲爱的读者，欢迎你阅读本书。这本书旨在为你的内在探索之旅提供参考，提供一些关于生活哲学的思考，以及一些实用的建议，助你朝着更全面、更高层次的自我前进。

我们处在一个信息爆炸、高压竞争、关系复杂的世界中。这样的开放世界，不仅要求我们具有丰富的知识储备和各种生活技能，还需要我们具备稳定的情绪、清晰的判断和高度的自知之明，同时要保持良知、快乐、爱和身心健康。简而言之，这是一个需要我们不断"向内生长"的时代。

向内生长，可以视作个体在个人层面对自己内在能力的深度培养和提升，就像通过学习、修炼和训练，完善我们内心深处先天的"底层操作系统"。许多人可能在日常生活中观察到这样的场景：在羽毛球场上，专业教练与业余选手的比赛，两者的技艺差距显著，教练在步伐、挥拍技巧、比赛判断等各个方面都明显超越业余选手。这种差异的根本原因何在呢？因为专业教练接受了系统的、针对性的专业技能训练，这种训练方式远比业余选手随机的、摸索式的训练更为有效。同理，向内生长，指的是对个人基础心理能力有目的、有系统地提升，是个体积极按照被验证有效的最佳实践方法，对自己底层心理能力进行深入的训练和发展。

可以看到，向内生长不只是一段深入的自我探索和提升的旅程，更是一种有别于传统教育模式的全新成长方式。它的目的，在于强化你的自我认知、自我调节和表达能力，助你攀登至更高的心理、情感与精神境界。这一过程注重你的个人成长，关注稳定的情绪、清晰的判断力与自我理解的培育，并重视内心世界的深度成长，超越了单纯追求外在成就的框架。

在这段旅程中，你将学会如何更深入地理解和调整自己的情绪与思维，培养出更强的良知、快乐感和爱心。通过对身心的深度修炼、持续训练、坚守道德和自律，你将实现身心的和谐健康，有效面对生活中的挑战，并激发自己的内在潜能。

人，犹如一棵树，通过孜孜不倦地向内生长，也许表面看上去并没有因此而繁花似锦、枝繁叶茂，却达到了自我与自然的和谐与和解，从而使自己踏实而坚定、宁静而丰盈。

与传统教育不同的是，向内生长更强调追求一个人真正向往的生活，而非仅仅成为中规中矩的社会的一分子。它注重知识的实际应用，而不只是知识的积累。在向内生长的道路上，所有学习到的知识都将被实践应用，着眼于转变个人的行为模式、思维习惯、信念和认知。这是一段更深远的自我实现之旅，鼓励你去探索和实现自己的全部潜力，引领你步入一个更加全面和真实的自我。

本书由三篇八章构成。第一篇"我们为什么需要向内生长"，全面探究向内生长的价值和必要性。这里不仅涵盖了哪些人群最需要这一过程，还深入剖析了其深远的意义。

第二篇"向内生长的底层逻辑"，将从哲学、心理学和管理学等多个角度，解析向内生长的核心原则和社会影响。这一篇将帮助你构建一个全面而深刻的认识框架。

第三篇"向内生长的个人实践"，我们将进入实践层面。这里提供了一系列行之有效的方法和工具，以帮助你在具体的生活场景中成功实现向内生长。

不管你是政府官员、企业管理者还是初创企业家，不管你是职场新人、退休人士，或是在校学生、家庭主妇，本书都能为你提供全方位且深度的支持与指导。向内生长并不局限于追求职位升迁或学术成就，只要涉及个人发展、精神提升或者是心灵宁静，本书都具有参考价值。无论你处于人生的哪个阶段，本书都能助你实现更优秀的自我，自信迎接美好的未来。

愿本书成为你的忠实伴侣，在不断地内在成长过程中，助你洞悉更多关于自身和这个世界的深层真理。愿你在这趟向内生长的心灵之旅中，成果丰硕。

陈勇

2024 年 3 月

目录

上篇　我们为什么需要向内生长

第一章　哪些人需要向内生长 / 2
　　第一节　渴望成长的人 / 3
　　第二节　想让自己成为更适应生活的人 / 5
　　第三节　追求对自己满意的人 / 8
　　第四节　拥有生活目标的人 / 11
　　第五节　对价值和意义有深刻追求的人 / 14

第二章　向内生长追求的是什么 / 17
　　第一节　想戒和能戒 / 17
　　第二节　知行匹配目标和理想 / 20
　　第三节　对抗恶习 / 22
　　第四节　校正偏见 / 24
　　第五节　对抗洗脑 / 27
　　第六节　摆脱固有思维的束缚 / 30
　　第七节　减压和治愈 / 32

第三章　向内生长面面观 / 35

第一节　延续古今的向内生长 / 35

第二节　心理大师们对向内生长的解读 / 39

第三节　上士闻道，勤而行之 / 45

第四节　逆水行舟般的向内生长 / 48

第五节　修炼是必须的吧？ / 50

第六节　被信念之手操控的生活 / 53

第七节　自我实现的瞬间 / 57

第八节　灵光乍现的真理 / 59

第九节　从心所欲和直觉决策 / 62

第十节　人情练达即文章 / 64

第十一节　对认知的认知 / 67

中篇　向内生长的底层逻辑

第四章　向内生长的个人原则 / 72

第一节　道德原则 / 72

第二节　戒律原则 / 75

第三节　强迫原则 / 78

第四节　持续原则 / 81

第五节　觉察原则 / 84

第六节　适应原则 / 88

第七节　学习原则 / 91

第八节　开放原则 / 94

第九节　不执原则 / 96

第五章　向内生长的社会原则 / 99
  第一节　解决问题导向 / 99
  第二节　反常规思维 / 102
  第三节　合作原则 / 106
  第四节　失败接纳与迭代 / 109
  第五节　慢速和当下 / 112
  第六节　入世精进 / 116

下篇　向内生长的个人实践

第六章　自觉地向内生长 / 120
  第一节　冥想 / 120
  第二节　正念 / 123
  第三节　断舍离 / 126
  第四节　整理内务 / 129
  第五节　反思与内省 / 132
  第六节　戒律的实施 / 136
  第七节　面向目标的自我纠正 / 140
  第八节　情绪管理的艺术 / 144
  第九节　自我同情与自我照顾 / 148
  第十节　自我观察与自我反馈 / 151
  第十一节　重视运动、营养和睡眠 / 154
  第十二节　婚姻家庭中的状态调节 / 157

第七章　任务中向内生长 / 161
  第一节　慢速和专注 / 161

第二节　时间块与任务批处理 / 164

第三节　顺从精力周期与生物钟 / 166

第四节　四象限管理法 / 169

第五节　基于目标的行动计划 / 171

第六节　改变思维习惯 / 174

第七节　精益学习 / 177

第八节　有益替代 / 181

第九节　设定界限与退出机制 / 184

第八章　入世中向内生长 / 188

第一节　生涯规划与知识图谱 / 188

第二节　非暴力、倾听与同理心沟通 / 193

第三节　多策略应对生活 / 195

第四节　灵活的心 / 198

第五节　勇于承认错误 / 202

第六节　适应情境 / 205

第七节　认知重塑 / 207

第八节　宽恕和原谅的力量 / 212

后记 / 216

上篇
我们为什么需要向内生长

第一章　哪些人需要向内生长

自古以来，人类都不可避免地面临着各式各样的挑战与机遇。在当前这个充满变革的时代，这一现象尤为明显。我们在不断地努力适应周遭的环境、追求成功的同时，也在寻求内心的宁静和满足。在这一过程中，每个人都需要经历一种深刻且主动的向内生长，这不仅是一场精神层面的觉醒，更是一连串的实践与体验。通过这样的过程，我们可以更深入地了解自己，从而最大限度地挖掘和发挥个人潜能。

在本章中，我们专注于探讨哪些人需要这种向内的成长。我们将详细讨论以下几类人群：那些渴望个人成长的人、希望自己更好地适应生活的人、追求内心满足的人、设定了明确生活目标的人，以及那些对价值和生命意义有着深刻追求的人。这五类人从不同的视角反映了个体内心深处的需要和渴望。

尽管向内生长对每个人都极为重要，但对于这些特定群体而言，它显得尤为关键。他们在追求个人目标和寻找生活意义的过程中，更能认识到内在成长的必要性。无论是对生活有更深层次的理解，还是对个人能力和品格的提升，这些人都展现出对向内生长的强烈需求。

第一节 渴望成长的人

一

儿童与成年人最大的区别，在于成长水平的不同。这并不仅仅体现在身体尺寸和肌肉力量上，而更深层地体现在心灵成熟度上。无论是青少年、成年人，还是老年人，他们之间的根本差异，源自各自内心成长的程度。大学、中学、小学生们最为常见的憧憬，便是对于未来步入社会后将要从事何种职业的期待。他们所期待的，不仅是身体力量的增长，更多的是内心成长水平的提升。

在中国，几乎所有家长都对孩子的成长抱有极高的期望。他们对自己的成长可能不那么关注，对孩子的成长却投入了巨大的热情。父母们对孩子成长的期望往往超越了孩子自己的渴望。他们为孩子安排各式各样的课外活动：报名钢琴班、参加补习班、学习英语、练习体育，甚至计划让孩子出国留学，或者购买学区房以确保孩子能就读更好的学校。这些举措的背后，部分原因是家长们试图通过孩子的成长来弥补自己成长过程中的遗憾。与此同时，这些孩子们也有着成长的渴望。一些孩子受到父母的鼓舞而积极向上，另一些则生出摆脱父母控制的愿望。总之，中国拥有一大批渴望成长的孩子和家长，这成为社会发展的一个显著特点。

二

埃隆·马斯克是世界上千百万渴望成长的人中非常出名的一个。他于1971年6月28日出生在南非首都比勒陀利亚。青少年时期的马斯克个头不高，体格瘦弱，超级喜欢读书，从小时候起脑海里就充满了对未来世界的各种想象，这让他对科学和技术充满了兴趣。少年时期，马斯克在学校经常被同学欺负，但他没有因此被打垮，反而对知识和成长更加渴望。这种强烈的成长渴望和在精神上不断的向内生长，成了他后来取得巨大成功的基石。

在当代社会，许多人像马斯克一样渴望成长和进步，希望通过不断的努力和学习来实现自我价值的提升。而在这个过程中，向内生长是成长过程中不可或缺的一环。

斯蒂芬·柯维，是一位备受尊崇的美国心理学家和自助类书籍作家，最为人们所熟知的便是他的畅销书《高效能人士的七个习惯》。在这本书中，柯维倡导一种以原则为核心的向内生长的生活方式，这与他的成长经历有很大关系。柯维在年轻时，经历了家庭困境和职业波折，这些都让他倍感压力和无助。尤其是早年失去父亲的打击，让他在很长一段时间内陷入困境。在这些低谷期，他开始深入自我反思和实践，逐步认识到内在成长的重要性。通过不断地向内生长，柯维不仅摆脱了心理和情感的困扰，也在学术和职业上取得了令人瞩目的成就。

三

世界上对内在成长有着极度渴望的群体之一是企业家。他们的奋斗都伴随着向内生长和不断的创新。

企业家不仅需要拥有卓越的商业头脑和技能，更要有在困境中站稳脚跟、从失败中汲取教训，以及持续提升内在素质和能力的勇气。美国的乔布斯曾被自己创立的公司辞退，之后通过反思和内在成长，重新赢回苹果的掌舵权。中国的刘强东和雷军，美国的比尔·盖茨和亨利·福特，日本的孙正义、稻盛和夫、松下幸之助和丰田喜一郎等，都是成功企业的创始人和领导者，他们的成长之路都充满了挑战和坎坷。

四

在现代社会快节奏的生活中，大多数人内心都急切地渴望快速成长，以适应各种挑战和要求。不论是职场上的攀升，还是学业的进步或者生活的多方面追求，都是对成长的渴望在不断驱使我们向前。

在职场上，人们渴望的成长体现在升职、加薪，获得更多的职责和认可，提升个人技能积累知识，建立更广阔的社交网络，获得良好的行业声誉，提升团队协作能力，承担更多的责任，以及实现长期的职业发展等。

在学业方面，人们的成长渴望表现为考上理想的大学，学好英语或其他外语，提升学术水平，获得奖学金，成功完成课程项目，参与重要研究活动，获得实习机会，发表学术论文，拓宽知识视野以及建立良好的学术关系等。

在生活中，人们渴望成长的方面也十分多样，如追求健康、保持好身材，培养良好的生活习惯，学会烹饪，提升财务管理能力，拓展兴趣爱好，建立稳定的人际关系，提升个人品位以及实现个人长期的生活目标等。

所有这些对成长的强烈渴望，都依赖于持续内在生长的不断推动和支持。

第二节　想让自己成为更适应生活的人

一

27岁的李先生是一位典型的"宅男"。他自从高中毕业后，就开始过上宅在家的生活。每天的大部分时间，他都在玩网络游戏、观看动漫和参与线上论坛的讨论。他觉得网络世界相比现实世界来说更为舒适和安全。在虚拟的世界里，他不用面对现实生活中的压力和人际交往的难题。

由于长期宅在家，李先生的社交技能逐渐退化，他害怕与人面对面交谈，担心被他人嘲笑和排斥。尽管有时感到孤独，但他不愿意走出舒适区去面对外界的挑战。他的家人和朋友多次劝他走出家门，尝试参与社区的活动，或者找一份工作，都被他婉拒了。

李先生的生活几乎完全依赖于网络和家人的经济支持。这种过度依赖和社交生活的缺乏逐渐影响了他的心理健康。他变得越来越焦虑，对未来感到迷茫和恐惧。

二

"宅男"或"宅女"现象，揭示了人群中众多个体对现实生活的不适应和疏离，这往往导致个人社交技能的退化和心理健康问题，并进一步加深个体宅家的生活方式，形成一种恶性循环。这不仅是个人问题，也诱发了社会问题。

例如，近年来中国的婚姻率持续下滑，从2013年的1350万对夫妇降至2022年的680万对。如今，"宅"文化在中国已不再是少数人的标签，而是一大群消费者的特征。在"论坛族"和"游戏族"中，有六成人群集中在15—25岁，而在"血拼族"中，超过七成为女性。据统计，近五成的Z世代属于"宅"人群。现实情况是，许多"宅男"和"宅女"也渴望过上正常的现实生活，但适应性成了他们迈向现实生活的巨大障碍。

三

对生活的适应性是一种难得的内在能力。不断变化的环境需要这种生存能力，它是人们优化自我、提升生活质量的关键要素，因此人们都在自觉或不自觉地追求它。中国相当一部分"宅男""宅女"正是那些挣扎着想让自己更适应生活的一群人。

对生活的适应性又称为心理弹性，是个体在遭遇压力、逆境或者不利环境时，具有的高效适应和快速恢复的能力。这一概念在心理学界得到深入的探讨和研究。结果表明，心理弹性并不是固定不变的心理特质，而是一种可通过不断内在成长获得的、可塑性极强的心理素质。通过一系列向内生长的实践和方法，人们完全有可能培养和加强自己的心理弹性。

四

孔子说的"三十而立，四十而不惑，五十而知天命，六十而耳顺，七十而从心所欲，不逾矩"，概述了他在不同年龄阶段经历的内在成长和心理适应过程。"三十而立"描述他具备了一定的适应能力，在复杂多变的环境中"立"住了。"四十而不惑"描述了他内在认知的成熟，对自我和外界理解达到更深层次的阶段，更不容易被外界因素所干扰，能够更准确地识别自己的需求和目标，是良好心理弹性的一个明显标志。"五十而知天命"描述了他对生活和命运的接纳，拥有更高的心理适应能力，能够更好地面对生活的不确定性和复杂性。"六十而耳顺"和"七十而从心所欲，不逾矩"，更多地体现了孔子从内而外的平和和自在。这是长期心理适应和内在修炼的结果，也是极佳心理弹性的体现。

五

美国心理学家和作家萨拉·康拉特是另一个典型的例子。她在多次面对转折和压力时，通过向内生长和自我反思，成功地提升了自己的适应性和心理弹性。在这一向内生长的过程中，萨拉·康拉特同时进行了相关方面的心理学研究，专注于同理心与社会联系。她结合自身经历和专业知识，以科学和系统的方式指导人们如何在逆境中增强心理弹性。

具备高度心理弹性的人在很多方面表现出显著的特质。

首先，他们能够在遭遇个人或社会层面的挫折后迅速恢复，甚至将这些经历转化为成长的动力。美国企业家和投资人埃隆·马斯克在早期的职业生涯中遭遇了多次失败，但他从中汲取教训，并最终建立了多个高度成功的公司如特斯拉和太空探索技术公司（SpaceX）。

其次，高心理弹性的人擅长从多角度分析和解决问题，这让他们作出的决策更加全面和精准。这种能力也使他们能够更有效地应对复杂和压力重重的情况。以美国前总统富兰克林·罗斯福为例子。在他面对大萧条的巨大压力时——数百万人失业，经济崩溃，社会不安，他不仅没有选择回避或妥协，还展示了卓越的心理弹性，提出了统称为"新政"的一系列革新性的政策和项目，全方位地应对美国当时所面临的多重危机。

六

向内生长，本质上是一种自我探索和自我优化的过程，它可以帮助我们更好地理解自己的需求、限制和潜能，提高自己的适应能力，从而更好地面对生活中的各种挑战。对于那些想让自己更适应生活的人来说，向内生长提供了一种全面和科学的途径。通过增强自我认知、培养心理弹性，一个人不仅能够更好地面对当前的生活挑战，也能为未来可能遇到的困难做好充分的准备。

第三节　追求对自己满意的人

一

当你每天照镜子时，你对镜子里的那个身影是否感到满意？朝气蓬勃的少女可能对镜中的自己心满意足，而容貌更为精致的模特儿，却可能对自己挑剔无比。众人眼中的成功企业家未必对自己感到满意，而刚从运动场归来的少年对自己那健美的身材往往感到自豪无比。音乐厅里的独奏家，可能对自己的演奏技巧永远不满足，而热爱音乐的青年能在简单的吉他弹唱中获得满足。在舞台聚光灯下的演员，可能总感觉自己的表演有所欠缺，而生活中喜欢戏剧的大学生在校园演出中得到了满足和自信……

现在，不满意自我，似乎已经成为一种社会性的流行趋势。在全球范围内，对自身不满的两个最普遍且最典型的表现是对身体形象和职业成功的追求。

二

在身体形象方面，社会媒体和大众传媒经常塑造出一种"理想的"身形，让普通人觉得自己不够完美。这种现象不仅仅影响女性，也影响男性。体重、身高、肌肉量等都成为人们普遍不满意的焦点。临床心理学研究也指出，不健康的身体形象观念，可能导致各种心理健康问题，包括自卑、抑郁和饮食障碍等。

好莱坞女演员安吉丽娜·朱莉，被普遍认为是世界上最美丽、最有魅力的女性之一，但她曾公开谈到自己对身体形象的不满及因此感受到的压力。在多个采访中，朱莉坦言自己曾因为身体形象感到焦虑，特别是在得知自己有患乳腺癌的高风险后，她甚至选择了双侧乳房切除手术。尽管在大多数人眼中，她几乎是"完美"的代表，但她自己常经历着因身体形象而引发的心理压力。

三

在职业成功方面，人们处在一个竞争激烈的社会环境中，常常把职业成功作为自我价值的一个重要指标。因此，对于工作状态、收入水平、晋升速度等不满意，成为现代人普遍面对的问题。这种不满往往源于社会比较、高期望值或者工作本身的压力。

日本动画大师宫崎骏是一名全球影响力极大的动画导演，拥有多部票房和口碑双丰收的作品，如《千与千寻》《龙猫》等。然而，即便在大众和批评界普遍认为他的事业非常成功的情况下，宫崎骏本人却经常表达出对自己作品的不满。在多次采访中，宫崎骏都提到，自己在这里或那里做得不好，认为每一部作品的完成度都没有达到自己的期望。有报道称，他甚至在作品获得大奖后,依然对某些细节感到不满。这种不断追求完美的态度使他始终处在一种职业压力中。

四

连大众公认的身材健美或事业成功的名人,都时常感到对自己不满,普通大众对自己不满意的情况就更加普遍了。各种对自己的不满,经常会导致一系列自我冲突和自我否定的行为,如饮食过度或饮食失调(比如美国歌手黛米·洛瓦托曾公开谈到她与饮食失调的斗争)、懒惰与拖延(如学生经常因为拖延而错过作业截止日期)、负面的自我评价(比如在社交媒体上不断自我贬低,认为自己不如他人)、破坏性关系依赖(如明星的公开感情生活常因过度依赖而结束)、赌博(如美国名人查理·辛曾因赌博问题频繁上头条)、激进或冲动(如著名的"路怒症",或宗教激进活动)、偷窥、偷盗或其他违法行为(如商店偷窃等小规模犯罪)、酒精或药物成瘾(称为"虐待物质",如美国演员小罗伯特·唐尼曾因药物滥用问题多次入狱)、自我隔离或社交恐惧(如有人因对自我形象的不满,避免进入所有社交场合)、过度工作(或称"工作狂",如雅虎前首席执行官玛丽莎·梅耶尔因过度工作被广泛讨论)、其他成瘾行为(比如电子游戏、刷抖音、网购成瘾等)。这些自我冲突和自我否定的行为不仅影响个体的心理健康,也经常导致一系列社会和职业问题。

五

人们对自己不满意,通常源于三个主要方面:认知偏差、评价失衡以及不良习性。

认知偏差是一套偏向性的思维模式,全或无思维(比如,要么"太棒啦!"要么"完了完了")、过度泛化(比如,"男人没一个好东西!")、心灵读者偏见(比如,"他们都看不起我")、只看到负面(比如,孩子成绩是98分,家长偏偏盯着丢掉的2分不放)、应该陈述(比如,各种报告中的

"我们应该……")等。

评价失衡是因为受到社会文化和媒体塑造的一种理想人设影响,导致人们用不切实际的标准来评价自己。

不良习性,我们有时又称之为"恶习""坏习惯",比如拖延症、过度消费或者社交媒体依赖等,这些不良习性实际上都是对自己不满意情绪的一种短暂缓解方式。但从长远来看,它们反而加剧了问题。

六

想对自己满意,向内生长是心理方面的关键活动,因为纠正认知偏差、客观自我评价和克服不良习性,都有成熟的向内生长方法。通过向内生长,不仅能够解决现有的不满意,还能够预防未来可能出现的类似问题,使我们在日常生活中体验到更多的满足感和幸福感,形成一个正向的、健康的自我认知和自我评价体系。

第四节 拥有生活目标的人

一

哈利·波特,这一英国作家J.K.罗琳创造的标志性角色,开始时只是一个对世界一无所知的孤儿,生活在他不太喜欢的姨母家里。当得知自己是一名巫师并走进霍格沃茨魔法学校的大门后,他的初始目标相当朴素和孩子气,如期望在魁地奇比赛中夺得胜利,或者通过一连串的冒险活动来证明自己的能力。

然而,随着时间的推移,哈利·波特开始面临更为复杂和成熟的生活课题,包括友情、爱情、责任、生与死等多个维度。相应地,他的生活目标也逐步升华,不再局限于追求个人的荣耀或成就。他开始把视野扩大到更广泛的社群，担负起更高级别的责任，目标逐渐从个人成长，演变为保护他所珍视的人以及整个魔法世界。

面对与他一生的大敌伏地魔的最终决战，哈利·波特甚至勇于献出自己的生命。这一改变不仅标志着他目标的转变，更反映出他在人格成熟度上的显著提升。从一个对自我几乎一无所知的孩子，到一个愿意为更高价值观而战，甚至不惜献出生命的人，哈利·波特的成长旅程展示了目标和人格层面的深度变化。

二

哈利·波特的故事反映了一个普遍的人类经验：从少年到老年，人们的生活目标会经历不断的修正和升华。许多人直到晚年仍然在找寻人生的真谛，认识到过去的目标或许是错误的。就像陶渊明所言："悟已往之不谏，知来者之可追。实迷途其未远，觉今是而昨非。"表达了一个终身成长和不断自我更新的普遍理念。

个人生活目标的不断升华是基于持续的内在成长。随着时间的推移，人们的目标往往从简单的生存和资源追求，逐渐升华为追求更有活力和希望的生活。以日本动画大师宫崎骏为例，他的职业生涯始于20世纪60年代。最初，宫崎骏的工作重点是掌握动画制作的基础技能，他参与了《飞天小女警》和《安徒生的童话》等作品的制作。这一时期，他致力于精练自己的绘画技巧和叙事能力，同时在行业中逐步确立自己的地位。随着年龄的增长和经验的积累，宫崎骏开始将更多关注点放在如何通过动画传达深层次的人文价值观和教育理念上。例如，在《千与千寻》中，他创造了一个充满想象力的世界，通过主人公千寻的成长故事来探讨如何在面对困境时保持勇气和希望。此外，通过《龙猫》中的乡村景象和纯真友谊，宫崎骏展示了自然与人类和谐共存的理想图景，以及保护环境的重要性。这样的转变不仅体现了宫崎骏从关注技术层面到深层次思考的成长，更重要的是，它揭示了个人生活目标如何随着时间、经验和内在成长而不断升华的过程。

三

生活目标的修正，通常源于内在成长和深度思考。不同的生命阶段带来不同的责任和期望，同时个人也会面临多样的挑战和机会，这些因素往往促使目标的调整，而这种调整是个体发展的重要组成部分。

马克·扎克伯格在创办脸书（Facebook）的初期，主要目标是为人们提供一个交流平台，但随着公司的壮大和社会影响的扩大，他的目标也转向了更为宏大的社会责任和连接全球的愿景。

如果一个人的目标永远不变，那很可能意味着他的成长和学习已经停滞。

实际上，目标的修正是自我调整、优化和内在成长的过程。通过重新评估和设定目标，人们能更聚焦、更有针对性地进行自我提升，也能更好适应不断变化的环境和个人需求。

美国作家斯蒂芬·金，早期的目标是以写作为生，但经历严重交通事故后，他的目标转向了通过写作启发他人，同时也更加珍视家庭和健康。因此，不断修正和更新目标是一种积极、健康的行为，也是内在成长的必要步骤。

四

对于人生意义和目标的追求，实际上是内心向往成长和对生命终极问题的探索，不仅令人深思，而且引领着我们对价值和意义的深刻追求。正是这样的追问，塑造了我们下一节将要讨论的那些对生命价值和深层意义有着深刻探索欲望的人。

第五节　对价值和意义有深刻追求的人

一

抖音平台上的一则视频引人深思。视频中，一位中年男性主持人向扎克伯格提出了一个深邃的哲学问题："What do you think is the meaning of life?"（你认为生活的意义是什么？）面对这一问题，扎克伯格陷入长久的沉思，他的表情在皱眉和苦笑之间交替，时间一秒秒流逝——5秒、10秒、15秒。扎克伯格最终并未给出任何回答。然而，他的沉默似乎比任何言语都更加具有冲击力。这一场景在评论区引发了热烈的讨论，观众纷纷对扎克伯格的沉默进行解读。有人认为："扎克伯格智商卓越，必然已有答案，却因为某种内心深处的原因选择了沉默。"也有观众赞叹这份沉默："这沉默是对这个问题的尊重。"更有人引用了扎克伯格在其他场合对于同一问题的回答："人类的联系才是意义。"（That human connection is the meaning.）

实际上，"意义"这一概念通常用来描述某事对个人生存的积极影响。而"生活的意义是什么"这样的提问，本质上是一个语言技巧上的无解问题，但更具启发性。考虑到人终将逝去这一不争的事实，许多人会得出这样的结论：个人的生活对其自身并无意义，它的意义在于对他人的影响。扎克伯格对这一问题进行了深入的逻辑思考，但在短暂的采访时间内，他选择了沉默，这种沉默对大众来说其实更具有启发性，就像中国禅宗的许多公案给人带来的启发性一样。如"不思善，不思恶，正恁么时，哪个是你的本来面目？""若使汝未出母胎时，哪个是你？"——思想，就是让你去想，而不是告诉你现成答案。因此老子慨叹："道可道，非常道。名可名，非常名。"

二

　　人类中对价值和意义有着深度追求的人所占比例之大，使得历史长河中涌现出一批批在这方面卓越非凡的人物，他们的名字家喻户晓、脍炙人口。从中国的孔子、老子、孟子、庄子，到文学巨匠李白、杜甫，再到现代思想家梁启超、孙中山、鲁迅；从美国的社会批评家亨利·戴维·梭罗、民权领袖马丁·路德·金，到总统亚伯拉罕·林肯；从印度的宗教先知释迦牟尼、非暴力抵抗先驱马哈特玛·甘地，到僧侣阿迪·尚卡拉；从古希腊的智者苏格拉底、哲学家亚里士多德，到德国的哲学领袖黑格尔、尼采和阿尔贝特·史怀哲，以及法国的启蒙思想家让·雅克·卢梭和伏尔泰，这一清单几乎可以无穷扩充。

　　这种现象实际上揭示了人类对价值和意义的普遍和强烈追求，这种追求包括对人生意义的探索，对心理需求如自主性、胜任感和关联性的满足，以及对"自我实现"这一更高级心理需求的追寻。作为地球上数百万种生物中唯一拥有高度复杂意识和思维能力的物种，人类在生物学和心理学层面都具备对价值和意义的内在驱动力，这正是由其发达的认知功能和意识层次所决定的。

三

　　对价值和意义有深刻追求的人们具有一种强烈的向内生长的需求，因为对价值和意义的追求，与内在成长在多数情况下是相辅相成的。这种相互增效形成了一种正反馈循环。以马丁·路德·金为例，他的非暴力抵抗思想不仅是一个社会运动的指导原则，更是他个人对人道和平等价值观的深刻理解和实践。他的内在成长推动了他在社会正义方面作出更大的贡献。

　　对价值和意义的追求促使个体进入一连串自我反思和自我觉察的过程，以满足更高级的心理需求。这些过程本质上是一种内在的认知和情感变革，包括但不限于道德觉醒、心智开放和情感深化。以哲学家苏格拉底为例，他的"提问法"不仅改变了人们对于问题解决和逻辑推理的方式，更是他自己不断反思和挑战现有知识体系的结果。

四

一个人内在的精进和成长，为更广泛和深刻地理解价值与意义提供了坚实的基础和持久的动力。个体通过心理探索和自我修养在人生各阶段达到新的认识高峰，从而持续地更新和拓展自己的价值观。譬如释迦牟尼，他的觉悟不仅定义了佛教的核心教义，也是他个人经过长期修行和深刻内省后对生命意义的全新诠释。

内在的成长常转化为对外界的积极贡献，体现在社会、文化和科技等多方面的创新。史蒂夫·乔布斯的持续自我反思和求知欲推动了他在科技和商业领域的开创性成就，深刻影响了全球数亿人的生活；埃隆·马斯克的不断探索和创新精神促使他创立了特斯拉和SpaceX，推动了电动汽车和商业航天领域的进步。

五

那些对价值和意义有着深刻追求的人通常会更加注重向内生长。这种内在的成长推动他们在各个层面上达到更高的理解和实践，进而转化为对社会和文化有积极影响的行动和贡献。向内生长与追求价值和意义是一种高度互动和互补的关系，两者几乎无法分割。这也恰恰显示了，真正能在价值和意义上实现突破的人，几乎都是那些不断向内寻求、不断自我完善和更新的人。

第二章　向内生长追求的是什么

在本章中，我们将深入探究向内生长与自我实现的核心目的，透彻理解我们追求这些变革的根本动因。向内生长的追求，远非仅仅关乎行为层面的改变，它深刻地涉及我们内心世界的洞察力与根本性转化。通过这一过程，我们不仅能改变对外在世界的反应和互动方式，而且能重塑自我认识和内在价值观的结构。

第一节　想戒和能戒

一

抖音之所以难以戒除，是因为它巧妙地借鉴了赌博中的不确定性和随机奖励机制。即使其中大部分内容并不吸引你，可总会遇到一个令你心动的视频。通过简单的滑动操作，你可以快速掠过不感兴趣的内容，这种流畅的用户体验加强了应用的吸引力。当你观看了多个一般的视频后突然遇到一个精彩的片段，便体验到了类似赌博的随机性奖励，这实际上是一种心理学上有效的激励机制。这种不确定性和随机的奖励能极大地激活你的多巴胺系统，从而提高了你玩抖音时成瘾的概率。

抖音的设计初衷无疑是为了培养用户的依赖性，这与许多游戏开发公司采取的策略是一致的。然而，抖音在达成这一目标方面表现得尤为卓越，甚至优于多数游戏应用。其以黑色为基调的界面设计有助于用户集中注意力，而点赞功能使算法更容易捕捉到用户的兴趣，进而更准确地推送相关内容。不论是算法推荐的视频，还是用户主动搜索和关注的内容，这一随机奖励机制始终存在，使人更容易深陷其中。

二

在日常生活的循环往复中，我们每个人都不可避免地遭遇一系列习惯或嗜好的挑战，它们如同缠身之藤，使我们难以剪除或摆脱。这包括了一系列的现象：沉迷于短视频平台抖音、电子游戏的虚拟世界、过度饮食的肆无忌惮、烟草的缭绕、咖啡因的刺激、社交媒体的无尽依赖、过度购物的冲动、赌博的兴奋、毒品与药物的滥用、频繁熬夜的习惯，以及高糖食品的过量摄入等。这些行为习惯或嗜好，在短暂的时间里，或许能带来一定程度的愉悦或心理满足，然而，在长远的时光尺度下，它们无疑会对我们的工作效率和生活质量造成深远的负面影响。例如，这些习惯往往会分散我们的注意力，耗费我们宝贵的时间资源，甚至侵蚀我们的身心健康。值得深思的是，即便是深陷不良习惯泥潭的人们，他们心中往往仍怀揣着更加崇高的目标，如对知识的渴望、对工作的投入或对健康的追求。遗憾的是，这些习惯和嗜好成了我们实现这些目标道路上的绊脚石。

更为严重的是，这些习惯或嗜好有时会渗透到我们生活的各个方面，控制我们的行为和决策，使我们陷入难以自拔的困境。以赌博为例，一旦某人沉迷其中，就可能为了追求暂时的快感和期望中的"大奖"，而不惜冒着失去家庭、工作和声誉的巨大风险。这样一来，一个人就变得不再是自己的主宰，而受这些不良习惯和嗜好的操控。

三

想要戒除某种习惯或嗜好与真正能做到往往有着明显的差距。即使人们内心充满了坚定的戒除意愿，实际行动过程中却不可避免地遭遇各种障碍和挑战，有时甚至觉得彻底摆脱它们几乎是不可能的。以戒烟为例，尼古丁戒断所引发的身体不适和心理压力常常导致人们屈服，重新点燃香烟。再如过度依赖社交媒体，当人们试图减少使用时间时，错失恐惧症（FOMO）常常让他们不由自主地打开应用。再比如过度饮食，尽管明知这对健康不利，但在面对心理压力或情绪波动时，仍旧难以抗拒诱人的食物。这些实例凸显了戒除不良习惯或嗜好所面临的真实和多层次的挑战。

四

"向内生长"的核心追求之一便是探究如何成功地戒除那些我们认为应该戒除却难以戒除的习惯或嗜好。这个议题跨越了多个学科领域，不仅涵盖心理学和行为学的相关理论，还涉及时间管理、自我控制等多个方面。在心理学领域，有名为"自我决定理论"的研究专门探讨了如何提高内在动机，以实现更有效的自我控制。行为学则通过经典和操作性条件反射的方法，例如"正强化"和"负强化"，来帮助个体改变不良习惯。在时间管理方面，如"番茄工作法"等技巧能帮助人们更高效地利用时间，从而减少因缺乏焦点或分心而沉迷于某些不良习惯的可能性。此外，自我控制也是一个不可或缺的元素。在这里，例如"延迟满足"的训练，以及应用诸如"心智账户"模型来划分和优先处理任务，都可以有效地增强个体的自我控制能力。

第二节 知行匹配目标和理想

一

美国作家和哲学家亨利·戴维·梭罗的生活方式，与其人生目标和理想形成和谐的共鸣。

1845年，梭罗选择离开城市的喧嚣，来到距离康科德仅两英里远的瓦尔登湖畔。在那里，他不仅自耕自食，更是将这段经历变成一种深刻的哲学探索。他用简单的木头和泥土作为材料亲手搭建了一间小屋。每天早晨，他会沿着湖边散步，吸收大自然的灵气，用铲子和锄头在土地里劳作，种植豆子、玉米和土豆。傍晚时，他常常会在木制的桌子旁坐下，点燃一支蜡烛，拿出羽毛笔和墨水，把当天的所见所感、心得体会记录下来。这段简朴却充满哲学性的生活，成为他的长篇散文《瓦尔登湖》的灵感来源。这部作品后来成为超验主义的经典之一，反映了梭罗对自由、个人责任和对自然界的深刻理解。

二

在另一个时代，另一个地点，印度的高僧释迦牟尼坐在菩提树下，全身心沉浸在冥想之中。他封闭了所有外界的噪声和干扰，让自己完全沉浸在对内心和宇宙真理的探索之中。经过长时间的修炼和洞察，他终于觉悟，成为人们敬仰的佛陀。成佛后的释迦牟尼，并没有停止他的修行与实践，反而更加用心地活出了他的宗教理想和目标——达到涅槃和解脱。他制定了戒律，如"不杀生、不偷盗、不邪淫、不妄语、不饮酒"，他认为此不仅是修行人的行为准则，也是家庭和乐、国家太平之道。他不仅自己严格遵守，还教导弟子们同样要做到。此外，他放弃了豪华的王宫和奢靡的物质享受，选择了一生清贫，接受民间的简单供养，如乞食等。在社会活动方面，佛陀穿越各城邦和乡村，传播他的教义，启迪众生，如同一个行走的智者和导师。他的生活方式、修行、持戒让内在修炼与外在行为形成一种和谐的统一。

三

稻盛和夫的人生观和价值体系是与众不同的。他对道德和伦理有着极高的要求，反思第二次世界大战后日本社会对聪明人才、辩博型人才的过度追捧，以及由此引发的政商界丑闻。在他看来，一个优秀的领导者应该是"德才兼备，以德为先"的。他甚至给出了领导者选拔的优先次序：首先是人格品质，其次是勇气，最后才是能力。

对稻盛和夫来说，这不仅仅是一种理念，更是日常生活和工作中的实践准则。比如他自己就是一个早起的人，每天清晨会进行冥想和自我反省，以此来修炼自己的心性和人格。他不仅关心公司的业务和发展，还极度重视员工的道德修养和个人成长。除了业务会议和战略规划，他还会组织各种道德、伦理和哲学方面的培训和讲座。

稻盛和夫强调热爱是成功的关键，他认为只要对工作投入极大的热情，就能感受到巨大的成就感和自信，并激发对新目标的不断追求。这种精神在他的企业实践中得到了充分体现。27岁时，他创办了京都陶瓷株式会社（现名京瓷）；到了52岁，他又创立了第二电信（现名KDDI）。这两家公司在他有生之年就已经进入了世界500强，足见他的信条和实践是如何完美匹配的。

四

向内生长不仅是一种个体的心理和精神追求，更是个体全面的生活方式和价值观的体现。它要求个体的认知、价值观和行为三者高度一致，并与其生活目标和理想紧密相连。在这一过程中,人们会通过多种方式和方法来实现这一目标,比如定期进行自我反省,持续学习和成长,精心规划自己的时间和资源,坚持执行,并通过实际行动来不断靠近或实现自己的目标和理想。这些方法虽然各有侧重,但共同点在于,它们都致力于让个体的内外世界达到和谐统一,从而实现真正的向内生长。

第三节 对抗恶习

一

内在成长追求的是克服普遍存在于人类生活中的恶习,它们包括但不限于烟草成瘾、过度饮酒、暴饮暴食或饮食失调、过度使用社交媒体、拖延、过度消费、即时满足、缺乏运动,以及咖啡因或能量饮料过度依赖。这些恶习不只削弱我们的身体素质,也影响我们心理平衡和社交关系的质量。

当你点燃一支烟的瞬间,你正在吸入有毒物质,而这不仅影响你的身体,也影响你身边的家人和朋友;每次过量饮酒或暴饮暴食都是身体健康和自我控制的双重败笔。那些漫无目的地沉迷于社交媒体、拖延重要任务或追求即时满足的行为,多数时候都是在逃避更高层次的人生目标和精神追求。不计后果的过度消费不仅加重了个人的经济负担,也进一步消耗了地球有限的资源。生活节奏快的我们往往会忽视运动,依赖刺激性饮料,这最终会以慢性疾病和心理疲惫的形式向我们敲响警钟。这些看似微不足道的恶习,其实在生活的各个方面都有着深远的影响,它们是每个人在内在成长过程中需要认真对待、克服和转化的问题。

二

人类的恶习之所以成为内在成长中需要严肃对待的目标，主要在于其根深蒂固的心理因素和社会因素。

烟草成瘾和过度饮酒，往往源于社交压力和个人的逃避心态，正如作家埃德加·爱伦·坡曾因酗酒和药物成瘾而早逝，他充满才华，生涯充满戏剧性，却也因恶习而受限。暴饮暴食或饮食失调，则常常与心理状态，如焦虑或抑郁紧密相连。比如著名歌手黛米·洛瓦托公开分享了她与饮食失调和心理健康的战斗。拖延是由自我价值感缺失或恐惧失败引起的，像拥有"完美主义者"标签的苹果公司创始人史蒂夫·乔布斯，他的追求完美让他在一些决策上犹豫不决，以至于错失了一些良机。即时满足和过度消费，则是现代快节奏文化和即时反馈环境的产物，就如同名人帕丽斯·希尔顿以奢侈的消费和生活方式闻名，反映了社会对即时满足的盲从追求。这些恶习不但难以独立克服，而且常常相互作用，形成恶性循环，让人陷入更深的困境。因此，在追求内在成长的道路上，第一步就是要认识到并严肃地对待这些普遍而顽固的恶习。

三

向内生长中有一些经过时间检验的方法论来对抗这些顽固的恶习，包括认知行为疗法（CBT）、正念冥想、习惯替换策略，以及动机内外因素分析等。心理学家 B.F. 斯金纳对行为主义的研究，给出了习惯形成和消除的科学路径，而佛教禅修讲的"八正道"中的"正念"，则提供了一种从心灵深处去理解并观察自己行为的方法。这些理论和方法论是内在成长体系中的重要组成部分，它们为我们提供了工具和策略，帮助我们理解恶习产生的心理和社会机制，进而有针对性地做出改变和提升自我。这就是为什么向内生长不仅是一个目标，也是一个涵盖了多维度知识和技能的综合体系，它把针对恶习的各种有效策略纳入其中，使个体能更全面、更系统地进行自我提升和转变。

第四节 校正偏见

一

"落后就要挨打"这一观念被广泛接受,其实它是一种过时的丛林法则式的偏见。

首先,我们必须认识到,即便是实力雄厚的国家,也并非总能免于挫败。苏联在阿富汗战争中的沉重损失、英国在美国独立战争中的败北,以及第二次世界大战时德国和日本的战败,都是明显的例子。这些事例表明,即使是强大的国家也无法确保永远不会"挨打"。

其次,我们观察到,许多在经济或军事上不如其他国家发达的国家,并非总是被侵犯或压迫的对象。例如,新加坡、冰岛、新西兰、哥斯达黎加、不丹和卢森堡等国,虽然在某些方面不如其他国家强大,但它们依然保持着国家的独立和尊严,而不是常常成为攻击或压迫的目标。

最后,有些在多方面都相当强大的国家,并没有选择去侵犯或打压邻近的弱小国家,相反,它们在国际事务中扮演着维护正义的角色。当代中国的政策和行为,展示了即使是强国也可以选择和平与合作的道路。

总的来说,"落后就要挨打"的偏见忽视了国际关系的复杂性和多样性。这一偏见不仅过于简化,而且忽略了历史和现实中的诸多例证,这些例证表明国家无论强大还是弱小,都有可能成为冲突的一方或受害者。真正的国际秩序应当建立在相互尊重、和平共处的基础上,而不是单纯的力量对比。

二

向内生长面临的一大阻碍是人类的偏见。向内生长中的一个基本思路就是一个人必须知道,自己的观念和认知一定有很多是错的,他的很多观念和认知必定是偏见,而不是真理。人们应该认识到,在他的意识形态之中,必定存在偏见。

三

在中国,地域偏见像隐形的标签贴在不同省份和地区的人身上。性别偏见仍然在职场和家庭中持续影响着我们的期望和判断,如"男尊女卑",或"程序员还是男生强"。学历偏见将社会的焦点和资源集中在名校毕业或高学历者身上,却冷落了那些有能力的低学历者。贫富偏见使得经济状况成为人们评价他人价值的标尺。年龄偏见则让年轻人因缺乏经验被低估,年长者因年岁而受到职场和社交歧视。

国外的情况也并不乐观。在美国,种族偏见,特别是针对非裔美国人和拉丁裔美国人的偏见,如同一道不可逾越的鸿沟。英国的社会阶级偏见使得工人阶级和中产阶级之间的差距愈发明显。法国针对来自北非和中东的移民的偏见与宗教和种族问题交织在一起。日本的地域偏见和中国有异曲同工之妙,比如大阪人被认为商业头脑好但粗鲁。印度的种姓制度虽被法律禁止,但仍然影响着农村地区民众的社会地位。巴西、沙特阿拉伯、南非和澳大利亚也各有各的偏见和歧视问题,从肤色、性别到经济不平等和土著人权。

四

除了社会和文化偏见,人们普遍面临的另一个问题是认知偏见,这是一种心理上的倾向性。如下这些种类的认知偏见,在日常生活中得到了多样化的体现。一是确认偏见,这一偏见让人们在信息海洋中,特意寻找或解释那些与自己现有信念或观点相符的信息,比如在读报时总是先看与自己观点相合的文章;二是群体思维,人们过度追求一种群体一致性,忽视了其他合理甚至更优的选择,这在许多团体决策中表现尤为明显,比如在公司会议中,为了避免冲突,有时员工会选择默认高级管理者的观点,即便有更好的建议;三是可用性启发,人们在评估某事件的频率或可能性时,常常基于最容易回想到的实例,比如因为看了几起飞机失事的新闻,就高估了坐飞机的风险;四是锚定效应,指在决策过程中过分依赖最初获得的信息,比如在谈判时,第一个出价往往会成为后续议价的"锚";五是过度自信偏见,表现为对自己的知识、技能或判断的过于乐观评估,例如在投资股市时,一些人会认为自己能准确预测股价的涨跌;六是基础率忽视,指在评估概率或风险时,忽视了整体统计数据,而过度专注于某个或某几个显著的个案,比如在考虑疾病风险时,单纯依据家族史而忽视了更广泛的流行病学数据。

由于认知偏见源于人类的心理机制,而非纯粹的主观意愿或知识和认知,因此人类的思维器官如同"偏见产生器"一般,使认知偏见在各种情境下易于涌现。人类大脑,凭借其特有的气质和生理构造,成了最容易培养偏见的土壤。当这一机制与社会、文化和知识类的偏见相结合时,我们便不可避免地生活在一个充斥偏见的世界中。

五

幸运的是,人类意识到了向内生长的不可或缺性,并针对各类偏见推出了多种应对策略,如提升批判性思考、培养多元视角、使用科学方法进行事实核验和逐步调整自己的心理模型等。这些策略和方法的出现无疑增添了一线光明,让我们有机会摆脱偏见的束缚。对付偏见的向内生长,是伴随我们终生的任务。

第五节 对抗洗脑

一

第二次世界大战期间，纳粹德国对民众的洗脑和思想控制，是一场多层次、多维度和系统化的心理和思维操纵，其触角深入政治、社会、心理等多个领域。在宣传大师约瑟夫·戈培尔的精密策划下，纳粹党部署了一套庞大而细致的思想教育宣传机构，涵盖了电影、广播和报纸等各种媒体。通过这些媒体，纳粹成功传播了其种族主义和极端民族主义的理念，并且巧妙地将其植入人们的日常生活和教育体系中，加深了对个体和集体心理的操纵。不仅如此，他们还通过象征性活动、修辞技巧和集体仪式等方式，进一步加强了其意识形态的感染力。与此同时，社会和经济激励，也被聪明地利用起来诱导或强迫公众走向纳粹的怀抱，而任何反对的声音，都通过禁言、宣布为谣言或违法，以及暴力和恐吓等手段，被有效地压制。这一全面而精密的思想控制体系，不仅揭示了权力如何被用于群体操纵，也深刻地展示了人性在权力赋能下的阴暗面。更进一步地，这一体系为后来的独裁者和邪教组织提供了一整套系统化洗脑的蓝本，包括对信息的严格控制、集体心理的操纵、情感引导和恐惧机制等。

二

第二次世界大战之后，世界各地依然频繁出现大规模的洗脑活动，各具特色但又不乏共通之处，比如：

"冷战"时期的思想改造（1947—1991）：在美苏对峙的环境下，双方都努力通过精心设计的政治宣传、间谍活动和文化渗透，来塑造对方国家和第三世界国家的社会观念。心理战和信息战被用作主要工具,以此期望改变全球的意识形态版图。

邪教组织如"人民圣殿教"(1978):在吉姆·琼斯的指导下,教徒们在圭亚那共和国经历了系统的思想控制和情感操纵,最终导致了大规模的集体自杀。

卢旺达胡图武装广播(1994):在卢旺达大屠杀期间,胡图电台利用煽动性的广播内容,操纵民众情绪,进而引发了大规模的种族屠杀。

除了上述远非详尽列举的大规模洗脑实例,当代人们其实也生活在各种微观层面的思想操纵之中,例如:

广告操纵:无论是电视、网络还是户外广告牌,广告的目的通常是要植入一种消费观念或者生活方式,从而驱动购买行为。

人际关系中的 PUA 心理操纵:涉及人际交往中一系列用于吸引、诱导或操纵他人的社交和心理技巧,包括但不限于"奖励和惩罚"(即正负情感反馈)、"模糊推理"(用意含糊或歧义的语言让对方产生不确定感)以及"社会证明"(通过展示自己受欢迎或成功以提高自己的吸引力)等不道德的操纵。

传销洗脑:非法传销团体采用剥夺人身自由再集中培训的模式进行洗脑。其间,剥夺人身自由通常利用社交隔离和集体压力,强迫个体放弃与外界的联系,使其完全依赖于团体。集中培训通常伴随着大量的信息控制,以及对个体进行价值观和信念体系的重塑,经常通过高强度的情感操纵,以及使用不断重复的口号和教条来实现。

社交媒体算法:这些算法通过分析用户数据和行为来推送个性化内容,进一步加强或改变个体的信仰、观点和偏好。比如那些运用巧妙策略和算法来左右大众观点的抖音、微信和头条大 V 们,他们每天熟练地通过视频或文字内容对观众进行洗脑。这种现象实际上是社交媒体算法的一个显著体现。

新闻媒体的框架效应：不同的新闻组织会以不同的角度去解读同一事件，这种解读或倾向性会影响公众对事实的看法。

视频网站内容控制：像 YouTube 这样的平台通过推荐系统不仅推动了某种叙事，还有可能在不经意间加深观众对某个观点或某种文化的认同。

教育制度：通过课本和教学方法，教育体系也常常传播某种价值观、历史观。

企业文化和管理：在职场环境中，通过各种培训、激励机制和公司文化，员工的行为和思想观念也被有意识或无意识地塑造。

三

向内生长之所以需对抗洗脑，关键在以下几个方面：首先，洗脑侵蚀个体自主性，削弱其独立思考的能力；其次，它会导致精神健康问题，包括焦虑、抑郁等；最后，洗脑手法能够极大地扭曲个体的价值观和世界观，导致偏见和极端主义。

幸运的是，目前存在多种针对洗脑的有效抵抗方法，以促进向内生长。这些方法包括认知重塑，以重新评估和挑战被操纵的信念体系；情感自我调节，用以管理与洗脑相关的情绪冲击；信息素养培养，增强批判性思考和辨别信息真伪的能力；社会支持网络的建设，通过互相鼓励和正面反馈来减轻洗脑的影响等。这些方法合在一起，为个体提供了一个全面而实用的工具箱，有助于维护思想独立性，并促进内在成长。

第六节 摆脱固有思维的束缚

一

诺基亚这家芬兰公司,曾是全球手机市场的佼佼者。从1998年到2007年,该公司在手机市场上的份额一度高达40%。但随后,它在智能手机革命面前犹豫不决。当苹果在2007年推出了第一款iPhone后,已经标志着触屏、应用生态系统和高度集成的互联网服务成为未来趋势,诺基亚却未能迅速适应这一转变。公司坚持其功能手机和塞班操作系统的战略,尽管市场趋势已经开始转向iOS和Android平台。诺基亚甚至在2008年至2009年推出了多款高价的旗舰手机,但这些手机在硬件和软件方面都未能在与苹果和安卓手机的竞争中胜出。最终,由于逐渐丧失市场份额和盈利能力,诺基亚不得不在2013年将其手机业务出售给微软。

二

诺基亚的衰败不仅是一个商业失败的案例,更是固有思维导致不适应和失败的经典例证。固有思维(也称刻板思维、僵化思维或认知僵化)指的是那种难以改变的、过于单一或固定的思考模式。这种思考模式可能来源于过去的经验、文化观念或个人习惯,并可能导致个人或组织在面对新信息或挑战时,表现出缺乏适应性和创造性。向内生长追求的目标之一,就是谋求摆脱固有思维的束缚,所采用的方法都基于心理学上对固有思维的认识。

三

从心理学的角度深入探究,固有思维的根源和表现可以从认知心理学和社会心理学两个不同的视角去分析。从认知心理学的角度出发，固有思维常常起因于"心智模式"的僵化，即人们在处理新信息或解决问题时，往往会自动地依赖已有的认知框架或经验。

举个实验案例，德国心理学家卡尔·邓克尔进行了一项"蜡烛实验"，该实验在心理学领域探讨了"功能固着"的概念。在这个实验中，参与者拥有一支蜡烛、一些大头钉及一些装在火柴盒里的火柴，任务是把一只燃烧的蜡烛固定在墙上。实验发现，即使面对明显不符合既有心智模式的新形状，参与者还是倾向于坚持使用他们原来的解决方案。这体现了人们在问题解决时往往受到传统思维模式的限制，难以发现新的解决办法，即所谓的"心智模式"的僵化。

在社会心理学的视角下，固有思维的产生，通常受到群体影响和文化背景的制约。比如，集体决策过程中常出现的"群体思维"现象，就会限制个体对不同观点和信息的开放性。一项由社会心理学家欧文·贾尼斯进行的研究显示，团体成员在决策时，为了维护团体凝聚性，往往会忽视与多数观点相悖的信息或意见，从而导致决策质量下降。这一现象在高压环境和缺乏开放沟通文化的组织中尤其明显。欧文·贾尼斯在他对"猪湾入侵"决策失败的研究中详细描述了这一点。在该事件中，美国政府的决策者，因为过于关注维持内部团队的一致性，以至于忽略了一些关键的战术和战略信息，结果导致了这次行动的惨败。

贾尼斯进一步指出，当团队中存在明显的权威结构或者成员过于追求和谐一致时，群体思维的风险就会增加。例如，如果领导不鼓励批评性的意见，或者将不同意见视为对权威的挑战，成员们就更有可能自我审查，不敢提出与主流观点不同的看法。这不仅压制了团队的创造性，也使得潜在的问题和风险得不到及时地识别和解决。

四

在了解了固有思维的成因后，人们在向内生长的过程中可以运用多种策略来打破这一心理局限，例如提升认知灵活性、培育批判性思维，或是接触并吸纳多元文化和不同的世界观等。从根本上说，挑战固有思维的过程，实质上是一场跳出舒适区以拓展思维边界的冒险，需要勇气来面对和逾越自我设定的界限。

第七节　减压和治愈

一

古今中外大部分向内生长的"达人们"，他们向内生长的旅程都开始于追求解除烦恼、精神压力和创伤，释迦牟尼——也被尊称为佛陀——就是其中之一。

释迦牟尼出生在公元前六世纪的尼泊尔王国，生活中充满奢侈和宠爱，因为他出生在王室，具有最优越的环境和条件。然而，生活虽富足，释迦牟尼内心依旧感到不满和空虚。一次外出的经历让他直面了人世间的生、老、病、死这四大不可避免的苦难，他深刻地体验了人生的不确定和无常。这些成了他开悟之前精神压力和痛苦的主要根源，触发了他对人生意义的深刻思考，以及对人生痛苦来源的探寻，以至于他决定离开王宫，放弃王位继承人的身份，开始了长达六年的修行生涯。在这六年里，他尝试了各种不同的向内生长的方式和教导，包括严格的禁欲、长时间的冥想，以及对各种哲学和宗教思想的研究等。最终，释迦牟尼在一棵菩提树下入定达到了觉悟，领悟到了"四圣谛"：苦、集、灭、道，这四个观点为后来的佛教教义奠定了基础。释迦牟尼的这一旅程，不仅让自己达到内心的平静和解脱，也为后人提供了一条通向心灵减压和治愈的途径。

二

现代向内生长的主要目标之一，仍是追求减压、治愈、精神平静和解脱，但在方法论方面更加科学。佛家的四圣谛"苦、集、灭、道"中，苦谛总结了有情众生遭遇到各种形式的痛苦或不满足，包括生老病死、怨憎会、爱别离、求不得等，而集谛则探究了痛苦的根源，说明一切痛苦的根源是贪、嗔、痴三毒。现代心理学则发现，贪、嗔、痴并不一定是痛苦的终极根源，更深层次的原因是我们的认知和评价体系。贪、嗔、痴其实是认知和评价体系引发的"苦"的表现而非"苦"的原因。即当我们对某种事物产生贪欲、愤怒或无明时，其实是我们的认知和评价体系在起作用。而心理学中还发现，其实"四圣谛"中的"道谛"在方法论上却是相当科学的。

三

不仅释迦牟尼的向内生长始于追求减压和解脱，其实很多圣哲都是因为追求减压和解脱而开始向内生长的。我国道家哲学家庄子，面临的主要痛苦是人世的纷扰和无常，通过他的哲学思考和隐居生活寻求心灵的解脱；惠能，禅宗高僧，出身贫寒，面对社会的不平等和身份的局限，通过禅修达到心灵的自由；李叔同，中国近现代画家和诗人，面临的主要痛苦是家乡的失落和文化的断层，通过艺术和诗歌以求心灵的安慰；列夫·托尔斯泰，俄国文学巨匠，面对生命的虚无和社会的不公，通过写作和哲学探索寻求解脱；圣奥古斯丁，基督教哲学家和神学家，面临的痛苦是青年时代的放纵和信仰的迷茫，通过信仰和神学思考实现了心灵的回归和治愈。这些人都在不同的时间和空间里，面对各自生命中的痛苦和问题，都选择了通过向内生长——无论是哲学思考、禅修、艺术创作，还是神学研究——

来寻求减压、治愈和解脱。

　　本书下一篇中所述的所有向内生长的方法，对减压、治愈和解脱都是有帮助的。

第三章 向内生长面面观

本章将深入探讨"向内生长"的概念,一种人们理解为"主动的内在成长"或古人解说为"内在精进"的心灵旅程。通过11节的细致划分,本章从历史的角度到心理学大师的解读,再到个人修炼和认知层面,探讨了向内生长在个人生活、认知及情感智慧方面的深远影响。

第一节 延续古今的向内生长

一

向内生长是一种跨越时空和文化的普世追求。在中国,这一概念通过修炼、修行、禅修等多个称呼而深入人心。在印度文化中,瑜伽、冥想和觉醒等词汇表达了相似的追求。西方的基督教文化和哲学传统,如心灵觉醒、忏悔和自我认知,也彰显了向内生长的价值。

古今中外各地的宗教和哲学体系中,存在着专门的机构和团体,它们在推广和实践向内生长的过程中扮演了重要角色。在中国,佛教和道教的寺庙、修行社群,以及儒家思想中的学派,都是向内生长的重要传播者。印度的瑜伽学院和冥想中心,以及伊斯兰教的苏菲派团体,同样是内在精神成长的促进者。

在西方，基督教的教堂和修道院，以及哲学和心理学研究中心，也提供了不同的向内生长路径。这些机构不仅仅传播理论知识，还为人们提供了一系列的实践选项和方法，以促进个人的精神成长和内在探索。然而，这些机构和团体所提供的向内生长的路径往往是根据它们自身的理念和愿景设定的，而不一定完全符合个人对内心真正追求的理解和表达。

二

向内生长的追求几乎贯穿了整个人类历史，植入每一种文化，展示了人类对心灵完善和真理探求的不懈努力。

在中国古老的文化里，向内生长有多种多样的表达方式。譬如道家思想，源于《老子》，其中有很多地方谈到向内生长的方法和理论。比如"为无为，事无事，味无味"，"载营魄抱一，能无离乎？专气致柔，能如婴儿乎？"和"为道日损。损之又损，以至于无为"。另外，还有"塞其兑，闭其门，挫其锐，解其纷，和其光，同其尘，是谓玄同"，以及"知其雄，守其雌。知其白，守其黑。知其荣，守其辱"和"处无为之事，行不言之教"等。

庄子进一步提出了"坐忘"的概念，让人在这个复杂纷扰的世界里，找到一种内在的平和。庄子的"缘督以为经，可以保身，可以全生"和"纯粹而不杂，静一而不变"都透露着相同的理念。他强调"臣以神遇而不以目视，官知止而神欲行，依乎天理"，并提到"至道之精，窈窈冥冥；至道之极，昏昏默默"。在他看来，"无视无听，抱神以静，形将自正"。他还指出，"必静必清，无劳汝形，无摇汝精，乃可以长生"，并提醒人们"慎汝内，闭汝外，多知必败"。庄子甚至描述了一种超越传统感知的听觉："无听之以耳而听之以心，无听之以心而听之以气。听止于耳，心止于符。"他最终总结，"用志不分，乃凝于神"；"纯素之道，惟神是守，守而勿失，与神为一"。

中国儒家哲学汇聚了丰富的修身智慧。与道家追求的灵性超脱不同，儒家强调在社会和家庭环境中的个人修炼，实现由内至外，从个体延展到整个社会的和谐。众多名家如孔子、孟子、荀子，对向内生长这一理念进行了精练而深入的阐述，总体上主张"修心养性，怡情养气"，强调个人应首先从内心开始修炼，通过怡然的心境来培养身体的气场。孔子在面对困境时能"弦歌"，《庄子》语"乐以忘忧，不知老之将至""饭疏食，饮水，曲肱而枕之，乐亦在其中矣"。而孔子的"不义而富且贵，于我如浮云"，突出了道德修养高于一切的观念。孔子所推崇的"君子坦荡荡"则表达了一种无拘无束，但又充满自制力的理想人格。孔子提出了一系列具体的道德准则和价值观，包括：克己、复礼、慎独、忠恕、仁爱、孝悌、诚信、从善、五常。这些准则涵盖了从个人修养到社会行为的各个方面。

三

印度佛教在向内生长方面有丰富的实践和理念，包括但不限于诵念经文和禅修。其中，"五戒"涵盖了不杀生、不偷盗、不邪淫、不妄语、不饮酒等五个基础戒律。"十善"包括"身三"，即不杀、不盗、不淫；"口四"，即不两舌、不恶口、不妄言、不绮语；"意三"，即不贪、不嗔、不痴。以引导修行者在日常生活中具体地实践道德准则。另外，佛教还提倡"四无量心"，即慈心、悲心、喜心和舍心，认为通过这四种心境的培养，修行者能够达到更高层次的心灵净化和自我完善。

瑜伽是印度文化中一种重要的向内生长的修炼方式。它不仅是一套体式，更是一种通过呼吸控制和心境调整来达到身心和谐的综合修炼方法。具体来说，印度瑜伽分为八个阶段，包括戒律、自我约束、体式、呼吸控制、感官抽离、专注、冥想和完全的心灵合一，通过这一系列综合性的修炼，瑜伽修行者能够逐步实现内心的平衡和安宁。

四

在西方文化中，基督教和伊斯兰教各自拥有独特的向内生长实践和思想。

基督教徒通过信仰和祷告建立与上帝的深厚联系，不仅有日常的晨晚祷、星期日的礼拜，还有个人的默想圣经经文、赞美诗歌和祷告。一些基督教传统还涵盖了"心灵祷告"和"生活回顾"等更为深入的方式，通过这些方法，信徒们能够更为深入地审视自己的内心，实现与上帝的密切沟通，从而达到一种内在的平和和安宁。

在西方哲学的长河中，向内生长一直是一个不可或缺的主题。在古希腊时代，苏格拉底通过提问法激发了人们对自我认知的追求，而柏拉图与亚里士多德进一步在他们的哲学体系中讲述了内在智慧在个体成长中的重要性。柏拉图的洞穴寓言不仅是对现实和理念的探索，也是一次精神层面的觉醒和对内在成长的呼唤。罗马时代，斯多葛学派哲学家，如塞涅卡和马库斯·奥勒留都强调了通过自我调控来达到内在平和的重要性。中世纪的基督教哲学家，如奥古斯丁和托马斯·阿奎那，从宗教角度出发，深入探讨了个体与神之间的关系。他们认为，通过信仰和祷告，人们可以实现一种内在的转化和升华。

在伊斯兰教中，向内生长主要通过对阿拉的绝对服从来实现。这包括五时拜、斋戒、朝觐和布施等基础教义和仪式。其中，尤为突出的是苏菲主义，这是一种注重内在经验和个人与神的亲密关系的伊斯兰教派。苏菲主义中有各种冥想和诵经的方式，比如"迪克尔"，即不断地默念或高声重复阿拉的名字或其他宗教词汇，以便更为深入地体验到神的存在，实现一种超越物质世界的精神层面。

五

现代哲学，如萨特和康德，对个体自由和责任进行了细致入微的讨论。

他们认为，人应通过自我决定和内心的勇气来赋予生活以意义，这种自我决定的过程本身就是一种深刻的内在成长。

在西方心理学领域，荣格、马斯洛和罗杰斯等人都从不同角度对人的内在成长进行了探究。荣格的集体无意识和个体化的概念，马斯洛的需求层次理论，以及罗杰斯的人本主义心理治疗，都提供了具体的理论框架和方法，用于促进个体在心灵层面的发展。

六

当代，科学和心理学继承了古今中外宗教、哲学和心理学在向内生长方面的全部遗产，并通过科学和心理学研究综合并发展了向内生长的理论和方法，神经科学还为我们提供了一系列的新方法，如认知行为疗法等，都是在帮助我们实现这一古老但永恒的目标。

第二节　心理大师们对向内生长的解读

一

詹姆斯·卡梅隆通过其影片巧妙地呈现了心理学大师们关于内在成长的理论。在电影《阿凡达》中，当人类计划摧毁纳美人的家园——神圣的家树时，主人公杰克决定尝试驯服潘多拉星球上最危险的生物之一——托鲁克，那是传说中的"最后的暗影"。

在纳美人的文化里，托鲁克代表着一种至高无上的存在，一种仅在传说中能被驯服的强大生物，它在所有飞行生物中以其无匹的力量和威严凌驾于群雄之上。只有真正的纳美英雄，通过勇气、坚定不移的意志力，以及命运的恩宠，才能驯服这神话中的巨兽。杰克·萨利，凭借这些品质，以及际遇，成就了传奇，成为历史上能与托鲁克并肩的第五位纳美人。在决定胜负的战斗中，杰克骑着托鲁克勇敢地迎战人类军队，并赢得了压倒性的胜利。

二

《阿凡达》这一史诗般的叙事，完美映射了心理学大师们对于向内生长的洞察——在这里，托鲁克象征着人的"本我"，那个混沌而强大的原始冲动；杰克·萨利则代表"自我"，是意识和理性的化身；而被他驯服的托鲁克，便是"超我"的显现，意味着理想的自我形象的确立——即"超我"由"本我"转变而来，这一转变过程就是向内生长的过程。在精神分析的语境下，向内生长可以被诠释为本我向超我转化的自我提升过程。

三

人类内心深处的"本我"，就像隐藏在潜意识与无意识迷宫中的神秘力量。它不经意间在我们的行为中显露端倪，如同夜空中忽隐忽现的星光。几千年来，宗教和心理学领域的思想家们，如同勇敢的探险者，深入人心的深渊，探寻"本我"的踪迹。无论是佛教典籍的智慧洞见，还是现代心理学的深刻分析，都揭示了人类"本我"的基本行为法则。这些法则可以被简化为三条原则：最佳感觉原则，寻求最佳的感觉；阻力最小原则，寻求最小阻力的行动；能量最小原则，寻求最少的能量消耗。我们可以将这三条原则统称为"本能三原则"。

与此同时，人类的"自我"，则遵循着一个简单却强大的原则：追求最佳的生存状态，即最佳生存原则。这个原则像是一盏明灯，照亮我们前行的道路。向内生长，本质上是一趟激烈的内心旅程。在这个过程中，最佳生存原则与"本能三原则"不断地发生碰撞、对抗、妥协与纠缠，就像是一场心灵的戏剧。我们在这趟旅程中，逐渐在潜意识的土壤里播种下各式各样的最佳生存原则的种子。这些种子，随着时间的推移，逐渐成长、开花，最终将原本只遵从本能三原则的"本我"转化为我们令我们满意的

"超我"。正是这一过程，塑造了我们独特的个性，让我们在人生的旅途中，不断成长并超越自我。

四

本能三原则中的最佳感觉原则简称为快乐原则，在我们的日常生活中无所不在，它悄无声息地引导着我们的行为和决策。

以自助餐为例。当我们步入一个充满各式美食的自助餐厅时，最佳感觉原则仿佛成为我们的指挥棒。它驱使我们去品尝那些看起来美味诱人的食物，而此时心底那由自我的最佳生存原则发出的追求健康的声音，被无情地搁置在了一旁。我们的意识被美味所俘虏，完全忽视了吃得过多可能带来的种种后果：肚子胀痛、体重增加、血糖升高，甚至还可能导致胃部不适、消化不良和长期的健康问题，比如心脏病、糖尿病和高血压等。这时，人们最常用来自我安慰的话语往往是："这顿吃完后我就开始减肥。"但这不过是他们无法抗拒最佳感觉原则的一种表现而已。

在日常生活中，追求最佳感觉原则的例子比比皆是。比如沉迷于毒品、烟草、酒精、电子游戏，放纵性欲，无节制地购物，冲动消费，熬夜看剧，不断刷社交媒体，追求极限刺激的运动，过分工作以追求成就感，偏爱高糖高脂食物，频繁参加社交活动以逃避孤独或压力，不合理使用药物以寻求短暂的放松或兴奋，忽视安全措施以追求刺激或冒险等。这些行为，虽然短期内可能带来强烈的快感和满足，但往往会损害健康，甚至危及生命。在这些情况下，最佳感觉原则就像一个强大的磁场，吸引着我们去追求那些看似诱人但实际上可能有害的短暂快乐。

这种对即时满足的追求，反映了我们内心深处对快乐和逃避现实的渴望，同时也揭示了一个更深层次的人性本质：最佳感觉原则是十分强大的。在心理学的视角下，这种对即时快感的追求揭示了人类的大脑先天编程了这样的机制，促使我们寻找那些能迅速提供满足感的体验。这一个机制在原始社会时期无疑是对生存有用的，人们记住了自然界那些美味的食物，同时学会了逃避那些带来痛苦的事物，并避免类似行为。

五

另一重要的先天原则是阻力最小原则，可以理解为舒适区原则。这个原则在我们的决策过程中扮演了关键角色。它基于一种简单的心理机制：在面对选择时，我们倾向于走捷径，选择那些不必离开舒适区的、阻力最小的选项，很多时候这意味着遵循常规和传统行事，避免任何创新的冒险。

生活中，我们时常遵从阻力最小原则行事。在决策和行动时，我们常常不自觉地依赖于习惯、常规、传统或内在的本能和行为反射行事，避免创新和脱离舒适区。例如，在遇到压力时，有人会本能地选择吃零食来缓解压力。在决定晚餐时，我们往往会选择熟悉的快餐，而不是尝试一个新的健康食谱。又如，在处理工作问题时，人们往往会采用旧有的解决方案，而不愿意花时间去探索可能更有效但未知的新方法。或者，在面对很多选项时，我们常会选择最熟悉或最容易完成的任务，而不是那些需要更多思考和创造性的挑战。在学习上，我们倾向于遵循传统的学习方法，而不是尝试新的、可能更有效但更费力的方法。日常生活中的小事，如重复观看喜爱的电影而不是尝试一个全新的电影类型，购物时倾向于选择熟悉的品牌或产品，而不愿花时间去研究和尝试新的选项等，也都是这个原则的具体表现。这些例子反映了阻力最小原则的核心：在决策和行动时，我们往往走向阻力最小的方向，尽量不脱离舒适区，遵循那些习以为常、能够迅速回应的内在算法，即使这可能意味着放弃探索新的可能性。

然而，正如最佳感觉原则一样，阻力最小原则虽然可以在短期内提供便利和舒适，但长期来看，它可能会导致我们的生活变得单调乏味，甚至阻碍我们的个人成长和创新能力。但要注意的是，阻力最小原则像最佳感觉原则一样，并不完全是"反最佳生存"的，它为人类避免了很多风险，比如老子就说过:"我有三宝,持而保之。一曰慈,二曰俭,三曰不敢为天下先。慈故能勇;俭故能广;不敢为天下先,故能成器长""不敢为天下先",就是阻力最小原则的体现。

六

能量最小原则,即在行动和决策中追求最少的能量消耗。这一原则在我们生活的方方面面都有体现,其极端形式就是不采取任何行动,因此这一原则又称为懒惰原则。

在社会生活中,能量最小原则的影响无处不在,毕竟,人人都熟悉"偷懒"是多么快乐。例如,许多人出行时倾向于选择便捷的交通方式,开车或乘坐公共交通,尽管步行或骑自行车对身体健康更有益。在日常家务中,为降低劳动强度,人们倾向于购买即食食品或使用微波炉加热就可食用的食物,而非从头开始烹饪。在职场中,员工往往选择那些最省力气的任务,而避免那些需要深入思考或消耗体能的任务。大部分员工会选择使用现成的模板完成报告,而不是花时间来创造个性化的内容。在会议安排上,人们倾向于短会议或电话会议,以减少准备和交流所需的时间和精力。在消费行为中,当人们面临家庭维修或装饰任务时,常会选择雇用专业人员来完成这些工作,而不是自己动手。在休闲娱乐中,人们常会选择进行简单的室内活动,比如躺在沙发上听音乐,而很少选择需要大量身体活动的娱乐,如园艺或DIY项目。总之,能量最小原则使人们倾向于避免任何可能导致体力消耗的活动,即使这些活动可能带来更多的满足感和成就感。

能量最小原则在某种程度上反映了人类在资源有限的环境下的适应性选择,它激励我们寻找更加高效和节约能量的方法来完成任务,也激发了我们为此而不断追求的动力。在很大程度上,人类的科技发展,往往是为了满足"本能三原则"。例如,交通工具从我们的双腿发展到马匹,再到汽车和飞机,各种家用电器的发明,工业自动化技术的发展,计算机和互联网的发展极大地简化了信息处理和传播过程等，这些科技进步，在根本上都是为了服务于人类的"本能三原则"。

然而，向内生长的过程，是人类的"自我"与"本能三原则"抗争的过程。要真正实现内心的成长和发展，我们需要在追求效率和努力之间找到平衡。

七

出自人类意识脑区——"自我"——的最佳生存原则，心理学界也称为唯实原则（Reality Principle），最早是由西格蒙德·弗洛伊德提出的心理学概念，它与弗洛伊德最著名的另一个概念快感原则（Pleasure Principle，即最佳感觉原则）相对应。最佳生存原则是理性原则，它意识到个体所有出于"本能三原则"的愿望不可能都可以获得立即满足，且满足了也不一定对个体的生存最好，因此在原则上需要追求最佳生存，而非"本能三原则"的实现，过程中需要适应现实世界的需求和规则。

在心理学的领域中，向内生长，可以被理解为一场深刻的心理斗争。在这场斗争中，由"自我"引导的最佳生存原则与"本我"中的最佳感觉原则、阻力最小原则和能量最小原则发生碰撞。这一碰撞不仅是愿望与现实、快感与责任之间的对抗，更是个体自我实现的重要过程。

向内生长的过程本质上是从本能的、原始的欲望（代表着"本我"）向更成熟、更理性、更适应社会的自我（即"超我"）的转变。在这个过程中，最佳生存原则扮演着至关重要的角色。它促使个体不仅认识到不是所有的欲望都可以或应该立即满足，而且学会在冲动与自我控制、即时满足与长期规划之间寻找平衡。

例如，当面对诱惑时，过度饮食或沉迷于电子游戏，最佳生存原则会提醒我们考虑这些行为的长期后果，如健康问题或时间管理的挑战。这种内心的辩论和决策过程促进着"本我"向"超我"的转变。在这个转变中，

"本我"逐渐学会如何管理和调节内心的冲动——人类的"本我"有着极大的学习潜力。

因此,向内生长在心理学上可以简单解释为"自我不断努力把'超我'内化到'本我'中的过程"。这不仅仅是个体意识的成熟过程,也是个体学会如何在内在欲望与外部现实之间建立和谐关系的过程。通过这种内心的成长,个体能够发展出更加成熟和平衡的"超我",不仅能更好地适应社会,也能更有效地实现个人的目标和愿望。这是一个持续的、终生的过程,需要个体不断地自我反思和自我调整,以实现更深层次的心理和情感的成长。

第三节 上士闻道,勤而行之

一

向内生长与一般的学术研究、学习最大的区别在于,它要求对知识和真理进行践行。正如老子在《道德经》中所说的那样:

上士闻道,勤而行之;中士闻道,若存若亡;下士闻道,大笑之。

"道"即真理,真理需要践行。例如,当认识到减肥的重要性后需要践行,认识到少吃和锻炼的重要性后需要践行……向内生长的本质定义,是对被验证为正确的普遍或个性化真理的践行。

古今中外各种向内生长的理论都强调付诸实践。

二

在道家哲学中,老子推崇"处无为之事,行不言之教,万物作焉而不辞，生而不有，为而不恃，功成而弗居""挫其锐，解其纷，和其光，同其尘，湛兮似或存""多言数穷，不如守中""居善地，心善渊，与善仁，言善信，正善治，事善能，动善时""致虚极，守静笃，万物并作，吾以观其复"……《道德经》几乎是对人们生活、执政和修行的行动指导书。

中国儒家哲学强调仁、义、礼的实践，重视格物致知、正心诚意、温、良、恭、俭、让、克己、率性、自省、思无邪、学而思等。这些行为实践不仅表现在个体与家庭的互动中，还延伸到社会责任和公民道德中。

在佛教中，正念和冥想是两个核心的实践工具。正念是一种全然、无评价地注意当下经验的心法状态，冥想则是一种更为集中的练习，通常涉及呼吸、身体观察或特定主题的深入反思。这种修炼实践，不仅表现在心理层面的平静和清晰，也延伸到行为和日常生活的各个方面。

印度瑜伽更是纯粹实践的精进，强调身体与呼吸练习的重要性，通过八个步骤，个体可以达到身心和谐，进一步实现向内生长。

在基督教里，祈祷和忏悔是两种非常重要的实践方式。除此之外，基督教还强调宽恕和爱的实践，认为这是接近神和提升自我的途径。

三

现代的向内生长，强调正念、心理和情商、自我管理、习惯培养等。

正念，一种源自佛教但在现代心理学中得到广泛应用的概念，其理论基础在于全然接受现在时刻。通过具体的正念练习，如呼吸观察和身体扫描，个体可以实现向内生长。

在心理和情商方面，前者为向内生长提供了很多科学依据，并伴随有最佳实践。例如，最有趣的实践之一，是获得四种大脑"快乐激素"——多巴胺、血清素、催产素和内啡肽——的日常实践方法。

多巴胺——"奖赏激素"，可以通过这些方式获得：尝试新事物，听音乐，完成一系列小任务，冥想，适当补充铁和维生素 B，进食少量甜食；

血清素——情绪"稳定剂",可以通过这些方式获得:晒太阳,进行体育运动,冥想,健康饮食,适当补充维生素 D,进行感恩练习;

催产素——"爱情荷尔蒙",可以通过这些方式获得:给别人一个热情的拥抱,与朋友相处,听音乐,参加社会活动,如志愿活动,对他人表达赞赏,和小动物玩耍;

内啡肽——天然"止痛药",可以通过这些方式获得:进行中等强度的运动,练习瑜伽或冥想,听音乐,绘画,笑一笑,食用少量黑巧克力,适量食用辛辣食物。

情商强调自我意识、自我管理、社交意识和关系管理四个实践维度。通过具体的实践,比如情绪调节和同理心练习,个体可以在社交和职场环境中展示出更高的情绪智能。

四

当代向内生长在培养个人习惯方面,有很多有效的实践。以斯蒂芬·柯维的"高效能人士的七个习惯"为例,其首先是强调个人责任感,鼓励个人在日常生活中主动应对问题,而非将责任推诿给外界环境或他人;其次是以终为始和要事第一,这两个习惯要求人们明确生活目标并优先处理最重要的事务;再次是双赢思维和知彼知己,这两个习惯在人际交往和团队合作中尤为重要,它们要求一个人在理解自我之前先理解他人,并寻求共赢的解决方案;最后是综合综效和不断更新,前者强调集体智慧和合作,而不断更新则要求人们在身体、心灵、智力和社交等多方面进行持续自我提升。

五

实践是向内生长的核心,也是其最终目的。无论从哪个角度出发,宗教、哲学或心理、体育和社会,向内生长都需要通过具体的行动来体现和证明。

第四节　逆水行舟般的向内生长

一

向内生长最大的阻力来自五花八门的"负生长"。最常见的"负生长"就是大部分人都熟悉甚至"擅长"的拖延——一种混杂了追求最佳感觉、阻力最小和能量最小的本能三原则的复杂人类习惯。

比如，《哈利·波特》的作者J.K.罗琳，就多次公开谈到自己的拖延行为，她在社交媒体上表示自己在拖延方面"相当擅长"，并在推特上分享过自己应对棘手章节时通过泡茶和刷推特来拖延的情况。

另一个拖延名人是莫扎特，他最有名的拖延轶事是为歌剧《唐璜》写序曲。当时他在布拉格，一直沉浸于上流社会的应酬和娱乐之中，时间在各种庆祝活动中流逝。他的朋友们感到不安，其中一位对他说："莫扎特，《唐璜》的首场演出是明天，而你还没有为它写序曲呀！"莫扎特于是在午夜时分回到公寓，并让他的妻子打他几拳，同时让她留在身边以使自己保持清醒。序曲在次日早上终于写好了，然而乐队在晚上首演前竟然完全没有排练的时间。演出后，乐观的莫扎特对他身边的一些音乐家说："序曲总体上进行得非常好，尽管肯定有很多音符落在桌子下面。"

二

为什么把拖延行为称为"负生长"？因为它具有"正生长"的一切特征——同样是经过长期重复的"锤炼"和行为迭代，同样都内化成为难于改进的习惯且日臻"完善"，像是"修炼的成果"，同样都是内心积累的不断"成长"，同样在实施中不断地向内"生长"——比正向的向内生长投入更多时间和精力的一种内在的"生长",如同当事人在"自我实现"时的自然而然又怡然自得,只不过,这种"生长"是负向和消极的。

三

向内生长如逆水行舟,因为生活中有太多基于"本能三原则"的"负生长"与它博弈:迷信、懒惰,追求快感和阻力最小,过量消费,沉迷于网络视频、社交媒体或电视,游戏成瘾,过度饮食,疯狂熬夜,购物狂,把愤怒培养成仇恨,绝不认错,悲观主义思维,过度泛化,吸烟成瘾,药物依赖,逃避社交,完美主义,决策瘫痪,过度策划,习惯性消极思维……这个清单还可以罗列下去。我们每个人的生活方式都是向内生长和负生长的综合体,是"本能三原则"与最佳生存原则的角斗场,每个人的身心状况都是两个方向内在生长博弈的结果。一个人身上的正向和负向的内在生长哪一种占据了优势,可以从他的外形、谈吐、生活环境、行为方式、精神面貌和健康状况等方面看出大概,因为他和我们所有人一样,其外在表象在很大程度上反映了其内在正、负生长博弈的结果。

四

内在的负生长比正向的生长更加容易,因为它基于人类本我的"本能三原则",即与人类的天性相合:迷信通过提供简单的解释而减轻了对未知的恐惧,懒惰避免了立即的体力或心智劳动;追求快感和阻力最小的路径满足了即时的欲望;沉迷于网络视频、社交媒体或电视满足了我们对社交和娱乐的需求,而无须面对面交流的压力;游戏提供了逃离现实和实现控制感的方式;无节制的饮食提供了短暂的解压和安慰;熬夜提供了放飞自我和对自由和时间的控制感;不断购物满足了收集和拥有的原始欲望;愤怒和仇恨在内心导演着一幕幕虚拟的报复场景从而带来虚幻的快感;绝不认错可以保护脆弱的自尊;悲观主义思维减少了失望的风险;过度泛化简化了复杂的世界;吸烟和药物依赖提供了快速的生理反馈和逃避现实的方法；完美主义避免了失败和批评的可能性；决策瘫痪避免了做出错误选择的风险；过度策划给予了一种虚假的准备和控制感；习惯性消极思维则维持了一种熟悉的心理状态，避免了改变带来的不确定性……

种种的负生长都有它的"即时奖励"，它们比大部分通常伴随痛苦、消耗精力和克服阻力的正向内在生长更吸引人，更没有门槛，更易引人实施并沉迷其中。如果不考虑其所带来的近期、中期和长期的负面后果的话，各种负生长集合在一起简直就是"最佳生活方式"的同义词。难怪当生活条件允许时，许多人就开始放纵各种负生长。此中尤其明显的例证，是当一个人的权位变得显赫、拥有更大的生活决策自由时，他们反而更易退化为巨婴，日渐形成对他人的过度依赖。这种依赖性格让他们逐步失去自我照料的能力，习惯于接受他人无微不至的关怀与照顾，并在这种退化和负生长的道路上越走越远。

五

人类之伟大与勇敢，部分源于我们坚定地用微小但顽强地向内生长，抵抗那似乎强大无比的负生长势力。向内生长的最大挑战就是抗衡诸多负生长。幸运的是，向内生长配备了一套工具箱，其中的"戒律"是最知名的工具之一。戒律的精髓与目的，就在于消除所有形式的负生长。

第五节 修炼是必须的吧？

一

传说达摩是南印度的一位佛教僧侣，约在5世纪末或6世纪初来到中国，带来了禅宗的教义和独特教学方法，被后世称为禅宗的始祖。他到达中国后，据说曾拜访了南朝的梁武帝。梁武帝问达摩："我建了许多寺庙，施了许多功德，我能得多少福报？"达摩回答："无实福报。"这回答蕴含的意思是，向内生长不是和神佛做生意。梁武帝听后感到困惑和不满："怎么达摩的教义与主流的佛教观念不同呢？"所以他并不重视达摩。

因为与梁武帝的会面未能如愿，达摩决定远离世俗，他来到河南省少林寺附近的少室山，选择了一个洞穴面壁冥思。他坐在那里，面对着洞壁，进行了长达九年的冥想。在这九年的时间里，有两个典型的传说故事，一是"瞌睡割眼睑"的故事，二是"壁前留影"的故事。在第一个故事中，达摩在冥想时不时会感到困倦，为了防止自己睡着，他割下了自己的眼睑，抛在地上。据说，从这些眼睑上生长出了世界上第一棵茶树，象征着警醒和清醒。据第二个故事，达摩面壁如此之久，他的影子被印在了洞壁上，成为一种永恒的见证。

二

达摩为什么要面壁九年之久？这在达摩本人的著作《四行观》（通常的名字是《达摩大师四行观》）中有明确的说明。这篇短文开篇就说：

夫入道多途，要而言之，不出二种。一是理入；二是行入。理入者，谓藉教悟宗。深信含生同一真性，但为客尘妄想所覆，不能显了。若也舍妄归真，凝住壁观，无自无他，凡圣等一，坚住不移，更不随文教，此即与理冥符，无有分别，寂然无为，名之理入。

这段文字大意是说，向内生长取得成果（即"入道"）的方式有两种，一是"理入"，二是"行入"，并且解释了"理入"的方法，是一种离开世俗"出世"的方法，即通过深入理解和悟透佛教教义来实现精神觉醒的途径，其中就提到了"凝住壁观"，也就是"面壁"。"面壁"是一种象征的说法，其实是强调对所有生命本质上的平等和统一的深刻认识，它要求放下妄念，回归真实本性，达到超越自我和他人、凡人和圣人之分的境界。这种修炼方式不依赖外在的文教，而是通过内心的静默和悟性来实现与佛理的合一。

很显然，达摩大师采用的是"理入"的向内生长方法。

那什么又是"行入"呢？行入指的是在世俗生活过程中通过具体的实践和行为来达到佛道的方法。包括"四行"，即报冤行、随缘行、无所求行、称法行。其中的报冤行，指当遭受苦难时，修行者应认识到这是过去恶业的果报，并应以平和心态接受，无怨无悔；随缘行，意味着接受生活中的顺境与逆境，认识到这些都是因缘所致，心境不随外界变化；无所求行，强调放下世俗的贪欲和执着，达到内心的平静和满足；称法行，指认识到佛法的清净本性，并在生活中实践这种理念，包括慈悲和施舍，以去除内心的妄念和障碍。

总之，"行入"所描述的行为规范和我们当今所描述的"佛系"行为似乎很像。

三

达摩面壁九年多，其实是一则象征故事，它表明修炼是必须的，向内生长需要长时间的修炼和持续的内省，单纯的理论学习和理解远远不够，实践才是关键。即使像达摩这样的高僧，也必须通过长年累月的修炼来达到他所追求的精神境界。

美国游泳教练谢曼·查伏尔的故事，在必须修炼方面提供了一个极具说服力的例证。查伏尔在游泳教学和训练的理论实践方面堪称一流，在他的教练生涯中，为美国及其他有关国家，培养了多名世界级游泳巨星，比如大名鼎鼎的"飞鱼"施皮茨就是出自他的门下。他们先后74次打破奥运会纪录，62次打破世界游泳纪录，创造80次美国全国游泳纪录，夺得16枚奥运会游泳项目金牌。尽管如此，查伏尔教练自己却不会游泳，这一事实尤为引人注目。

在1968年墨西哥城奥运会上,查伏尔的游泳技巧帮助美国队取得了辉煌成就,赢得了多枚金牌。然而,赛后队员们将他抛入泳池以示庆祝时,出现了令人意想不到的情景。原本以为是开玩笑的队员们突然意识到,他们的教练确实不会游泳,于是急忙将他从水中救起。

查伏尔的例子证明了理论知识和实践修行之间的差异。他虽然对游泳理论和训练策略了如指掌,但由于缺乏实际的游泳修炼,自己却不会游泳。这强调了理论和实践的重要性及两者的区别。即便是最高深的理论知识,也无法取代实践和经验积累。

而向内生长的修炼,比单纯的技能(比如游泳)练习要复杂得多。比如,要在修炼过程中找到自己潜意识中许多毫无道理,同时又有害无益的信念……

第六节 被信念之手操控的生活

一

在20世纪60年代,心理学界进行了一项具有开创性的实验,它不仅深刻地影响了教育和心理学的理论,更揭示了信念如何悄然塑造我们的行为和命运。这项实验由罗森塔尔和雅各布森领衔,被称为"皮格马利翁效应"。当时,他们选择了一所普通学校,进行了一场独特的心理学实验。在这个实验中,学生们首先接受了一次标准的智力测试,但结果并未如实告知教师。相反,研究者随机挑选了一些学生,告诉他们的老师这些学生在未来的学习中将会表现出色,尽管这些孩子在智力测试中并没有显示出特别的潜力。

教师们受到这种预期信念的影响，开始无意识地改变了自己对这些被指定为"将会优秀"的学生的态度和教学方式。他们给予这些孩子更多的关注、鼓励和挑战。这种改变虽微妙，却如细水长流，潜移默化地影响着每个孩子。一年后的跟踪测试揭露了惊人的事实：那些被随机选中并被认为会有优异表现的学生，在智力测试中确实取得了显著的进步。

二

"皮格马利翁效应"实验体现了预期和信念的力量。从心理学的角度来看，教师的期望成了一种自我实现的预言。在这种情形下，教师的信念和预期不仅影响了他们的行为，而且影响了学生的自我感知和学习动力。当教师相信某个学生将会表现出色时，他们往往会提供更多的支持和资源，如更频繁的正面反馈、更高的挑战性任务和更细致的个别指导，并且这种预期还影响了教师的非言语行为，如更多的眼神接触、鼓励性的肢体语言和更多的微笑，这些都在无意识中提升了学生的学习兴趣和自我价值感。学生感受到了这种关注和期待，更加积极地参与学习活动，更愿意接受挑战，甚至开始内化这些期望，形成更积极的自我信念。

这一实验的反面是"自我挫败的预言"。如果教师或家长对某些学生或自己的孩子持有低期望，那么这些学生或孩子也会因为缺乏支持和鼓励而在学业上落后。中国家长中最流行的对孩子的负面预期，就是所谓"别人家的孩子"。在中国，"别人家的孩子"几乎成了一种文化现象。家长们常常将自己的孩子与他人的孩子进行比较，不断强调别人家孩子的优秀之处，如学习成绩好、多才多艺、行为举止得体等，这种比较往往伴随着一种隐含的信念：无论孩子做得多么好，总是不如别人。对于孩子来说，这种持续的比较和不断的负面反馈会形成一种压力，他们开始怀疑自己的能力和价值。长期处于这样的环境中，孩子会逐渐失去学习和探索新事物的兴趣，甚至出现抵触和厌学的情绪。这种负面的自我认知会逐渐内化，形成一种自我挫败的预言，即孩子开始相信自己确实不如别人，这一负面信念使其陷入一种消极的自我实现的循环。

三

不仅教师和学生、家长和孩子，其实我们所有人的行为和生活，都是被信念之手操控着的。在商业决策中，高管们往往依据自己的市场理解和经济预测来制定策略；而在体育领域，运动员们的比赛策略和训练习惯常常受到他们对胜利可能性的信念的影响。世界上各意识形态构造的信念体系不同，造成了各国意识形态下的人民行为方式的不同。

对个人来说，意识形态是这个人的信念的总和。这些信念不仅体现在大的社会政治层面，也体现在日常生活的点滴之中。一个坚信健康生活方式的人会坚持日常锻炼和健康饮食；坚信生了孩子之后一定要坐月子的母亲会强迫产妇在一个月内不洗澡、不洗头；坚信中医的一些人士甚至会在生命垂危之际拒绝西医治疗。一些父母坚信女儿未来的丈夫要有车、有房并能交付足够的彩礼，女儿的婚姻才能完美，并因此拒绝一切不符合条件的男孩子。"钻石恒久远，一颗永流传"这个著名的口号是由戴比尔斯钻石公司的文案弗朗西斯·杰雷蒂（Frances Gerety）在1948年创造的，已经成为世界上无数男女的坚定信念，并为此支付巨额金钱。在印度，许多人认为牛是神圣的，导致在许多地区，人们不仅不食用牛肉，而且不允许宰杀牛，即使这可能与经济利益相冲突。美国的阿米什人社群坚持传统的生活方式，拒绝使用电力和现代技术。在太平洋岛国密克罗尼西亚的一些岛屿上，石头货币被视为珍贵的财富。尽管这些石头货币不具有实际的使用价值，但由于传统信仰的缘故，它们仍然被当作重要的交易媒介。在一些中东国家，家庭的荣誉被视为至高无上的价值，有时会导致极端的家庭决策和社会行为，如"荣誉杀人"等。在地中海国家，许多人相信邪眼的存在，即通过嫉妒或怨恨的目光可以给他人带来不幸。因此，人们会进行各种仪式来驱除邪眼。

四

在人类历史的长河中，各种宗教教义不仅构筑了信徒的精神世界，而且深刻地嵌入他们的意识形态。世界范围内，许多广泛存在的冲突根源于意识形态的差异，其中不乏宗教冲突的身影。从历史上的十字军东征、宗教改革时期的欧洲宗教战争，到现代社会中的教派冲突，这些冲突的本质在于信念的碰撞。

这些冲突迫使人们采取行动，不仅因为他们对神圣教义的坚守，也因为这些教义在社会、文化和政治层面的深远影响。信念，作为行动的催化剂，时常引发激烈的对抗，甚至是暴力。在今天的全球化世界里，意识形态和宗教冲突所带来的挑战愈发凸显。

五

在生命的广阔舞台上，无一人能幸免于信念的深远影响，甚至控制。每一种信念，无论是闪耀着光辉的理想，还是隐藏在暗处的恐惧，都根植于我们潜意识的深处，构成了我们潜意识的核心内容。这些信念，不论是积极向上还是消极破坏，共同编织成我们的"超我"，影响着我们的行为和决策。在向内生长的过程中，必须深知，人的行为和生活总是不可避免地被信念所驱动。

正因如此，我们必须保持一种紧张和警醒的状态，关注和重塑自身的信念体系，不能任由错误和有害的信念操纵我们的生活，而应积极寻求被正确和有益的信念引导。这种对信念的深刻理解和转变，虽然充满挑战，却是通往自我实现和内在和谐的必经之路。

第七节　自我实现的瞬间

一

在充满挑战的1908年,亚伯拉罕·马斯洛出生于纽约的布鲁克林,他是俄罗斯犹太移民家庭的第一个在美国出生的孩子。幼年时期,马斯洛的家庭环境并不和谐,而在学校,马斯洛是一个孤僻的孩子,经常遭到同伴的排斥。这种孤独感促使他寻找知识上的慰藉,他沉浸在图书馆的书籍中,对心理学产生了浓厚的兴趣。他在高中毕业后,违背父母的意愿,选择了追求心理学的道路,先后在威斯康星大学和哥伦比亚大学学习,并在1934年获得了心理学博士学位。在学术生涯中,他遇到了几位重要的导师和同行,包括著名的比较心理学家哈利·哈洛,这些人对他的思想和研究产生了深远的影响。

马斯洛开始对人的潜能、动机和需求进行研究,并提出了著名的"需求层次理论",从最基本的生理需求到安全需求、社交需求、尊重需求,最终达到自我实现的需求。自我实现是他创新性的概念,这一概念的提出是他对实现抱负的人群的深度观察的结果,也是他对自己个人生活的体验。马斯洛与他的大学同学贝瑟妮结婚,并育有两个孩子。他不仅在学术上取得了成功,也在家庭生活中找到了幸福,这对于他来说,是极佳的自我实现。

二

虽然马斯洛在其需求层次理论中将自我实现视为人类需求的最高层次,并认为高层次的需求满足是以低层次需求满足为基础的。然而后来更多的观察也证明了，与其将自我实现视为一个人生最后实现的、长期持续的过程，不如理解为它是由许多关键时刻和瞬间组成的，并且这些瞬间和关键时刻会在生活中的这个或那个场景瞬间偶尔或时常发生着。

创造性瞬间是典型情况之一，许多艺术家和科学家在创造性工作中体验到自我实现的瞬间。安静的书房里，一位作家终于敲下了长篇小说的最后一个标点，他靠在椅背上，深深地吸了一口气，感受着从心底涌出的成就感。远离尘嚣的画室里，画家在一幅大型画布前站定，当最后一笔落下，他的眼中闪烁着对这幅作品的自豪。实验室的一角，一位科学家凝视着电脑屏幕，见证了自己长期实验终于得到成功的时刻，他的眼中充满了不可思议的喜悦。一名建筑师站在新落成的建筑前，仰望着这座由他设计的摩天大楼，心中涌现出对自己作品的骄傲。安静的录音室内，音乐家完成了他的交响乐创作，随着最后一个音符的消逝，他感受到了一种难以言表的满足感。繁忙的厨房中，厨师完成了他的招牌菜，他精心地将最后一片装饰放在盘中央，眼中闪烁着对创意和味道的自信。

三

在面对重大挑战并克服困难的时刻，人们同样经常体验到自我实现的喜悦。激烈的赛场上，一名运动员在紧张的比赛中取得了胜利，他在赛场中央高举双臂，感受着从心底涌出的胜利的喜悦和成就感。一位年轻的企业家在一次关键的商业演讲后，听着观众的掌声，心中充满了对未来的期待和对自己努力的认可。医院的手术室内，一位外科医生成功完成了一项高难度手术，他脱下手术帽，眼中闪烁着专业成就的自豪。在一间充满挑战的教室里，教师看着自己的学生在难关中取得突破，心中充满了作为导师的成就感。在艰难的旅途中，一位探险家站在未曾踏足的山巅，环顾四周，感受着对自然的敬畏和个人毅力的自豪。

四

在与亲近的人建立深厚关系的过程中，自我实现的瞬间同样闪现。在一个温馨的家庭聚会上，一位长辈终于听到了期待已久的道歉，他们拥抱了彼此，感受到了家庭和解的温暖。在一次深夜的对话中，两位朋友分享了彼此的秘密和梦想，他们的友谊在真诚和信任中达到了新的高度。在医院的病房里，一对夫妇迎来了他们的第一个孩子，那一刻，他们的生活有了新的意义。在一个安静的公园里，一位年迈的父亲听着女儿感谢他多年的养育之恩，他的眼中闪烁着满足和骄傲。在一次意外的重逢中，两个老朋友重拾了多年前的友情，他们在回忆和笑声中感受到了经受岁月考验后的友谊的珍贵。在一个小教堂里，一对新人交换誓言，他们的眼中充满了对未来和彼此的承诺。

五

虽然自我实现可能在生活的特定瞬间显现，但这些瞬间是由长期的个人向内生长和努力累积而成的。尽管自我实现在某些关键时刻焕发光彩，但它的基础是持续的个人发展。这些瞬间可能在不同的生活领域中以不同的形式出现，但共同点在于它们提供了深度的满足感和成就感，是个人追求和努力的集中体现，是值得我们通过不断的向内生长去追求的。

第八节　灵光乍现的真理

一

生活中，对于管理饮食和体重，人们似乎有着无尽的总结和见解。其中，一些流行的饮食箴言，如"管住嘴、迈开腿"，"不饿不吃"，以及"六分饱就停"，已成为许多人日常生活中的口头禅。更进一步的建议包括：

优先选择蔬菜,减少碳水化合物的摄入,避免零食和外卖,减少水果的消费,以及远离人造奶油和预制食品。此外,对于糖尿病患者或那些担心患上糖尿病的人来说,他们往往会采纳一条特别的饮食管理原则:无论自己是不是糖尿病患者,都应该从现在开始,按照糖尿病患者的饮食标准来调节自己的饮食习惯。尽管这些饮食真理在我们日常生活中似乎无处不在,然而在大部分时间里,我们似乎将它们抛诸脑后,只在那些灵光乍现的瞬间才会想起——可能是意识到吃得太多时、体重超标时、出现三高症状或被诊断出脂肪肝时;也有可能是在那些宁静的时刻,当我们的思维变得清晰而深沉时。然而,在其他时间,我们却完全遗忘了这些真理。

二

人类是一种有弱点的生物,我们难以铭记真理。在这个世界上,最令人惋惜的事情之一,就是我们许多人无法将获知或领悟到的真理用于自己的生活管理。

向内生长的目标,是把你自己关注的真理纳入对生涯的管理,以实现人生目标并成为自己想成为的人。这些真理涉及生活的各个方面。比如在人际交往方面,人们几千年来总结了非常多的真理,如:"逢人且说三分话,未可全抛一片心。""知人者智,自知者明。""己所不欲,勿施于人。""真正的沟通是从倾听开始的。""微笑是最好的语言。""友谊是建立在共同的价值观上的。""尊重他人,等于尊重自己。""有时沉默比言语更有力量。""理解别人,也是一种智慧。""每个人都是独一无二的,接受这一点,可以减少很多不必要的冲突。"

在时间管理方面,人们同样总结出了非常多的真理,如:"一次只做一件事。""早起的鸟儿有虫吃。""工作与休息要有节奏。""设定明确的目标。""优先处理最重要的任务。""学会说'不'。""避免拖延。""有效规划你的一天。""记录并反思每日活动。""给自己留出思考和创新的空间。"

当你审视自己的生活时，你会发现，与大多数人一样，在生活、工作、运动和健康等各个方面，你也听闻、学习、思考并总结了许多真理。你渴望将这些真理充分应用于自我成长的每一步，不让它们白白流失。然而，对于大多数人来说，真理在他们的脑海中的存在和作用如同田野吹过的一阵风，难以长期应用和维持。

这不禁让人想起道家思想的创始人老子在其杰作《道德经》中的感慨："吾言甚易知，甚易行。天下莫能知，莫能行。"老子在《道德经》中总结了他一生的领悟，涵盖了哲学、政治、军事、人际关系和自我修养等诸多领域。这些内容虽然充满智慧、易于理解和学习，但正如老子所观察到的，大多数人往往只是"中士闻道，若存若亡"，在听到真理后不久便将其遗忘，从而错失了深刻理解和实践这些智慧的机会。

三

人们并非不愿记住并应用生活中的真理，问题在于大多数人缺乏一套系统的方法来内化和运用这些真理。

向内生长，本质上是一个全面的生涯管理过程，核心是将个人所关注的真理纳入一个体系化的管理框架，进而将这些真理应用到自己的生活中，以助力实现个人的生命目标，塑造理想中的自我。正是在意识到生活中真理常常如灵光般短暂闪现之后，我们才需要通过强迫自己、持守戒律等多种方法，将这些真理融入我们的日常管理，从而在生活的各个层面上贯彻这些真理。

因为，归根结底，我们确实渴望将这些真理付诸实践，不是吗？

第九节　从心所欲和直觉决策

一

在古代中国思想史上,孔子的思想不仅构建了儒家哲学的基石,而且对后世的文化、伦理乃至日常生活产生了深刻的影响。孔子的一生,是不断追求智慧、自我完善与道德实践的历程。在他的思想中,有一句话被后人广为传颂:"三十而立,四十而不惑,五十而知天命,六十而耳顺,七十而从心所欲,不逾矩。"这句话,不仅是孔子个人修行的写照,更是儒家关于个人成长与自我实现的阐述。

在孔子的哲学中,"从心所欲,不逾矩"是向内生长最高境界的体现。这一境界的达成,意味着个人已经积累了丰富的经验和智慧,能够在不违背道德和社会规范的前提下,凭借直觉作出正确的判断和决策。这不仅是一种对自身能力的极高信任,也是对智慧与道德修养的最终肯定。

向内生长所追求的,其中一个关键成果便是达到"从心所欲,不逾矩"的境界。这一境界的实现,依赖于深厚的直觉决策能力,这种能力是在不断地自我探索和成长过程中逐渐培养出来的。

二

在日常生活中,"从心所欲,不逾矩"这一境界并非遥不可及,在某些领域里,许多人已经有所体验,它并非必须等到七十岁才能达到的境界。例如,人们常提到的"老司机",就是指那些在生活中的某些方面达到这种境界的人们。

"老司机"本来的含义是指驾驶技能极其娴熟的司机,并非字面意义上的年长司机,而是指那些技艺高超、经验丰富的驾驶者。他们在驾驶时,大部分动作和决策都是凭借直觉进行的,而这些直觉决策能够应对绝大多数的路况和交通挑战。

例如,在繁忙的城市交通中,老司机能够迅速判断何时变道最为合适,他们凭借直觉,轻松穿梭于车流之中,既流畅又安全。在遇到复杂的交叉路口时,他们能够预测其他车辆的行动意图,提前作出反应,避免潜在的冲突。在恶劣的天气条件下,如暴雨或大雾,老司机凭借对车辆性能和路面情况的深刻掌握,能够做出恰当的速度调整,确保行车安全。

不仅如此,面对突发状况,例如,紧急避障或临时道路封闭,老司机能够迅速评估形势,做出最佳的决策。他们在应对各种紧急情况时,不慌不忙,展现出卓越的冷静和应变能力。他们的这种直觉,是在长时间的驾驶实践中逐渐积累和磨炼出来的,不仅仅是对规则的遵守,更是一种对驾驶艺术的精通。他在驾驶中展现的不仅是技术的熟练,更是对路况、车辆和自身能力的深刻理解。

三

在心理学领域,直觉决策被广泛研究,并被认为是人们潜意识"超我"的一种快速、无意识的思维过程。这种决策方式与我们通常的理性分析相比,更加迅速和自发,但并不意味着它缺乏理性基础。心理学家丹尼尔·卡尼曼和阿莫斯·特沃斯基在研究中提出了"快思维"(System 1)和"慢思维"(System 2)的概念。其中,"快思维"就是我们潜意识"超我"的思维,涉及直觉和自动化的思考过程,而"慢思维"则是意识脑区联合语言脑区更为缓慢和逻辑的分析过程。

直觉决策的形成,根据心理学家们的研究,是大脑迅速处理过往经验和知识的结果。当面对需要迅速反应的情况时,大脑会自动调用这些经验和知识,形成直觉判断。这种判断虽然发生在无意识层面,但它基于个体过往的学习和经验积累，因此在许多情况下是可靠的。这种学习和经验积累，如果是在向内生长的管理和监督下进行的话，则效率和质量都会更高。

直觉决策在某些领域尤为重要，如紧急医疗救援、军事指挥、运动竞技，以及我们前面提到的驾驶。在这些领域，直觉决策能够帮助专家迅速做出判断，避免危险，抓住机遇。然而，直觉也不是万能的，它可能受到偏见和过去经验的限制，有时可能导致错误的判断。

四

从心理学的角度看，培养直觉决策能力的关键在于两点：一是丰富的经验积累，二是对这些经验基于向内生长的持续反思和学习。通过不断的实践和对经验的深入分析，个体可以提高其直觉决策的准确性和可靠性。这一过程，实际上是个体认知能力和经验知识相结合的结果，体现了人类大脑处理信息的复杂性和效率。

而向内生长所追求的自我实现状态，很大部分表达的是一个人最终可以依靠丰富的直觉决策，实现令自己满意的生活。

第十节　人情练达即文章

一

在1995年的南非，阳光洒满了约翰内斯堡的橄榄球场，这里正举行着一场橄榄球比赛。这不仅仅是一场普通的橄榄球比赛，还是具有历史意义的事件。纳尔逊·曼德拉，这位1990年才结束了长达27年的监禁生涯，上一年刚成为国家第一位黑人总统的领袖，站在了全国的聚光灯下。

当时，南非社会正处于动荡和转型之中，种族隔离的阴影仍旧笼罩着这个国家。橄榄球，在南非长久以来被视为白人的运动，而曼德拉选择了支持主要由白人组成的国家队——春蚕队。他穿着号码6的春蚕队球衣，那是队长弗朗索瓦·皮纳尔的号码，走进了球场。这个举动不仅令所有人震惊，更象征着团结与和解的力量。

曼德拉的这一行为超越了政治和种族的界限，展现了他卓越的情商和对国家团结的深刻理解，迅速成为一个强大的国家团结的象征，不仅在南非国内引起了巨大反响，更在全球范围内产生了深远影响。在南非国内，此举帮助缓解了长期以来因种族隔离政策而紧张的种族关系。春蚕队的胜利成了全国庆祝和团结的时刻，不同种族的人们一起庆祝这一历史性的胜利。而在全球范围内，曼德拉的这一举动被广泛报道和赞扬，成为反种族主义和推动社会和谐的典范。

在两年后的另一个时空里，乔布斯拯救苹果的故事同样展示了感性的力量。乔布斯在1997年重返苹果公司时，面对着的是一个濒临破产的企业。在那个充满挑战的时刻，他做出了一个大胆的决策——启动了一场名为"Think Different"的广告活动。这个广告系列没有直接展示任何产品，而是展示了一系列改变世界的历史人物，如马丁·路德·金、阿尔伯特·爱因斯坦、玛哈特玛·甘地等，配以鼓舞人心的旁白："那些疯狂到认为自己可以改变世界的人，通常就是那些真正改变世界的人。"

这场广告活动不仅重新定义了苹果品牌，也激发了人们对创新和梦想的向往。乔布斯通过这一系列广告传达了一个强烈的信息：苹果是为那些不满足于现状、敢于挑战常规的人而设计的。这个广告的成功，在很大程度上归功于乔布斯深刻的情商，他不仅理解市场和消费者的需求，更能通过情感的力量与人们产生共鸣。

二

"世事洞明皆学问，人情练达即文章。"这则格言出自《红楼梦》第五回，道出了对世界的深刻理解和人际交往中情商的重要性。在今天这个日益复杂多变的社会中，情商的角色尤为重要。

情商（简称 EQ），这一概念最初由彼得·萨洛维和约翰·梅耶在 1990 年提出，后由丹尼尔·戈尔曼通过其畅销书《情商》普及。简而言之，情商是指个体识别、理解、管理自己和他人情绪的能力。它包括自我意识、自我管理、社会意识和关系管理这四个关键维度。较高的情商是许多人向内生长追求的普遍目标之一。

自我意识是情商的基石，它涉及对自己情绪的认知和理解。一个具有高度自我意识的人能够准确识别自己的情绪，并理解这些情绪如何影响他们的思想和行为。例如，IBM 前 CEO 路易斯·郭士纳在领导公司转型期间，就展现了出色的自我意识。面对业务下滑和内部抵抗，郭士纳不仅保持了冷静，还能够准确识别自己的挫败感和焦虑。他通过积极调整自己的情绪态度，成功地将 IBM 从一家主要硬件生产商转型为服务导向的公司。

自我管理则是指在情绪激动时保持控制和适应性的能力。它包括情绪调节、透明度、成就感、自我激励和适应性等要素。在这方面，微软的创始人比尔·盖茨表现出色，他在公司早期面临过多次挑战和压力。盖茨擅长于在高压环境下保持冷静，通过情绪调节和自我激励，带领团队克服障碍，实现目标。他的这种能力帮助微软在激烈的市场竞争中取得领先地位，并成为全球最成功的科技公司之一。

三

在当今世界，情商的重要性不容忽视。它不仅关系到个人的心理健康和幸福感，还直接影响到工作表现和职业成功。研究表明，情商高的人在处理压力、决策、团队协作和领导力方面都有更好的表现。

因此，情商成了每个人向内生长的重要追求目标。在追求自我实现的过程中，提升情商不仅是走向成熟的必经之路，也是建立和谐人际关系的关键。通过向内生长过程中的学习和练习，我们可以提高自我意识，更好地管理情绪，提升同理心，从而在复杂多变的社会中游刃有余。

第十一节　对认知的认知

一

爱因斯坦常对自己的认知过程进行深刻的审视和细致的分析，这使他成为一个在元认知——对认知的认知——领域杰出的思想家。在他的多项思维实验中，尤其著名的是"光束骑士"。在这个实验中，爱因斯坦想象自己与一束光同速前行，思考着如果他能够追上光速，那么他将如何看待与光同行的电磁波。这个实验促使他深入探究了在这种情况下时间和空间的概念，以及它们与速度的关系。这一系列的思考推翻了经典物理学中关于时间和空间绝对性的观点，最终带来了相对论的诞生。相对论不仅重塑了我们对宇宙的理解，也展示了爱因斯坦如何通过元认知能力，对既定科学原理进行革命性的再思考。

二

在人类探索向内生长和自我提升的道路上，元认知——即对自身认知的认知——扮演着至关重要的角色。元认知是个体对自己认知过程的认知和理解。它代表了一种更高层次的认知功能，涉及个体对自身认知活动的监控、评估和调节。

比如，运动员通过观看自己的运动视频来提升自身技能，这是一个典型的元认知活动。教练可能会反复指导同样的技巧一百遍，但有时这些指导达不到运动员观看自己的视频得到的元认知效果。在回看录像时，运动员不仅能观察自己的动作，还能意识到自己在认知和执行动作时的模式。

这种自我观察和反思，使得运动员能够更深入地理解自己的运动技巧，识别出需要改进的地方，并据此调整训练方法。这个过程中，运动员通过自我分析和评估，发现并理解了教练口头指导可能无法直接传达的细微差别和关键要点。

又如，当人们遇到烦恼时，常常倾向于向他人倾诉。这一过程不仅是情感的发泄，更是一种有效的元认知实践。在倾诉过程中，个体需要叙述自己的经历，这要求他们回顾并反思自己的行为和感受。这种叙述不仅帮助个体更清晰地理解自己的情绪和行为，还促进了对自己心理状态的深入认知，从而实现元认知的效果。

宗教中的忏悔活动可以被视为一种典型的元认知活动。在进行忏悔时，信徒需要深入反思自己的思想、言行，这要求他们进行自我评估和自我监控。在这一过程中，信徒首先必须识别和承认自己的错误或罪行。这一步骤本身就是一种元认知活动，因为它涉及对个人过去决策和行为的分析。随后，在忏悔的过程中，信徒会深入思考自己为何会做出那些行为，这包括了对个人信念、价值观和动机的反思。这种反思有助于信徒更好地理解自己的内心世界，增强自我认知。

同样，心理分析，特别是来访者中心疗法（也称求助者中心疗法），在本质上是一种辅助来访者进行元认知活动的心理治疗方法。在心理分析过程中，心理治疗师通过一系列的对话和探索性问题引导来访者进行自我反思。这种自我反思要求来访者审视自己的内在经验，包括对过去的回忆、梦境的分析，以及对当前情感和行为的洞察。这不仅涉及对具体经历的回顾，也包括对这些经历如何塑造了个人的信念和价值观的探究。

来访者中心疗法特别强调来访者在治疗过程中的主动角色。在这种疗法中，治疗师提供一个支持性、非评判性的环境，让来访者能够自由地表达自己的思想和感受。这种开放和接纳的态度鼓励来访者更深入地探索自己的心理状态，识别和理解自己的行为模式和情感反应。通过这个过程，来访者逐渐建立起对自己内心活动的元认知——他们不仅认识到自己的情感和行为，而且理解这些情感和行为背后的深层原因。例如，来访者可能开始意识到自己某些反复出现的行为模式实际上源自童年经历，或者他们的某些恐惧和焦虑与过去的创伤有关。

三

元认知包含两个核心组成部分：元认知知识与元认知调节。

元认知知识，涉及个体对其认知能力的理解，这包括了对不同认知策略的认识，何时以及如何运用这些策略。例如，一位学者在准备论文时，他知道分散学习（间隔一定时间分次）比集中学习（集中在一段时间连续学习）更能增强长期记忆。此外，他还意识到自己在安静的图书馆比在咖啡馆等嘈杂环境中更能集中精力。因此，在文献综述的初期，他选择在图书馆进行深入的研究，以确保能够有效地处理大量信息。此外，他还利用概念图来组织思维和研究结构，因为他知道视觉工具可以帮助整理复杂的概念和理论关系。以上这些学习和研究策略的选择和应用，正是这位学者将元认知知识应用到了实践之中。

元认知调节，则是一个人对自己认知过程的控制和微调的能力。这包括了计划即将进行的认知任务、监控当前的认知活动及在完成后对这些过程进行评估。例如，一名作家在撰写新作时会设定一个写作计划，包括每天的字数目标和内容概要。在写作过程中，他监控自己的进度，确保符合计划，并在每天结束时反思所写内容的质量，决定是否需要第二天进行调整。作家通过这种自我反思和调整，不断优化他的写作过程，这是元认知调节的实际应用之一。

四

向内生长的核心的任务之一，就是扩展自身的元认知知识库，并不断强化自我元认知调节的能力。

元认知知识涵盖了三个主要方面：一是对认知任务的洞察，明白完成特定任务所需的认知技能及其影响。比如一位程序员应该知道编写复杂代码需要强大的逻辑思维和细节关注能力。二是策略知识的掌握，明白各种学习和问题解决策略，知道何时最适合使用它们。比如，一位教师了解在讲授新概念时，使用类比可以帮助学生更好地理解抽象的理论。三是对自己认知能力的自我评估，比如一位作家发现自己擅长构建情节，但在细节描述上不够精细，因此他会在草稿阶段特别注意增强这一部分。

五

元认知调节同样也包含三个方面，分别针对认知任务开始前、进行中和结束后的阶段。具体来说，一是在执行认知任务前，制定计划并设定目标。例如，一个学生在准备期末考试前，可能会制定一个学习计划，包括每天复习的科目和章节，以及预留时间进行模拟测验。二是在进行认知任务时，监控自己的理解和策略的实施情况。比如一个棋手在比赛中会持续评估自己的策略，并根据对手的走法实时调整计划。三是任务完成后，评估结果并根据反馈调整策略。比如一位作家完成初稿后，会根据编辑的反馈对风格或叙事结构进行修改，以增强作品的表现力。

通过探索元认知，人类开启了一扇通往更深层次自我理解和向内生长的大门。

中篇
向内生长的底层逻辑

第四章　向内生长的个人原则

本章将深入剖析影响行为和决策的核心原则，特别是那些促进个人向内成长的原则。我们已经知道"最佳感觉原则"等本能原则对行为和决策的影响，以及它们与最佳生存原则之间的冲突与相互作用。幸运的是，人的潜意识极具可塑性，能够融入基于最佳生存原则的、更具体的其他后天原则，如道德原则、戒律原则、强迫原则等，以弥补先天原则的局限性。

第一节　道德原则

一

在 20 世纪 60 年代的美国，种族隔离和歧视仍是社会的普遍现象。马丁·路德·金是一位非常坚定的公民权利活动家，他一生致力于推动种族平等和社会正义，通过和平集会、演讲和领导蒙哥马利公交抵制运动等方式，坚定地反对这种不公正。他的努力不仅推动了民权法案的通过，而且提升了社会对种族平等的认识。即使在面临逮捕、暴力威胁和极大的个人牺牲时，金博士仍然坚持他的原则和信念。

二

马丁·路德·金的一生是对道德一致性价值的极致体现。

自我认知与道德一致性，指的是个人的行为、思想和决策与其内心的道德标准和良心保持一致。在这种状态下，个人不仅能够获得自己良心的认可，还能实现内在的和谐与平衡。这种一致性是个体向内生长的关键目标之一。它不仅有助于个人维持心理的平衡与和谐，也是实现心理健康的基石。

当个人的行为和决策与其内心深处的道德信念相吻合时，会产生正面的自我认知，从而促进个体的内在成长和心理健康。这种自我认知与道德一致性的力量，是推动个体在面对道德挑战和社会压力时保持坚定和一致的重要因素。

马丁·路德·金的行动和信仰的一致性，不仅赢得了广泛的尊重，也成为后人学习的榜样。他的生活和工作，展示了当个人的行为与其内心深处的信仰和道德标准相一致时，即使面临重大挑战，也能发挥巨大的社会影响力。金博士的一致性不仅体现在他对非暴力原则的坚持上，还体现在他的言行一致上——他在公共演讲和私人生活中都秉承着相同的道德标准。

三

就像人类"本能三原则"各有追求一样，向内生长的道德原则追求的是做个好人，即你的行为不应违背整个人类乃至生物界的最佳生存目标，不能有害于他人或人类群体。

庄子说："为善无近名，为恶无近刑。缘督以为经，可以保身，可以全生，可以养亲，可以尽年。"

刘备在遗诏中对后代说："勿以恶小而为之，勿以善小而不为。"

向内生长应该遵守道德原则，除了自我认知与道德一致性的原因，还

有以下几个方面的原因:

1. 社会责任与共同体意识

内在的精进不仅仅关乎个体发展,也与我们作为社会成员所肩负的责任和所扮演的角色紧密相连。遵循道德原则,我们不仅能够在追求个人目标的过程中考虑到对他人乃至整个社会的影响,还能更好地理解和履行我们作为社会一分子的职责。此外,遵守社会规范和道德准则也是文明社会持续发展和进步的必然趋势。在这样的文化氛围中,个体不仅能够实现自我价值的提升,还能够为构建更加和谐、公正的社会环境作出贡献。因此,将个人内在的道德修养与对社会责任的认知相结合,不仅是对自我成长的深化,也是对社会共同体意识的积极响应和贡献。

2. 长期成功与道德资本

这同样是向内生长追求的主要目标。个人在社会和职业领域建立良好声誉的过程中,道德原则发挥着至关重要的作用,它们是个人实现可持续、长期成功的根本基石。就拿沃伦·巴菲特为例,这位众所周知的投资大师不仅以其卓越的投资业绩闻名,更因其坚守道德原则和诚实正直的商业实践而受到尊敬。巴菲特的投资哲学强调诚信和价值,他经常提到"声誉需要二十年来建立,却可能在五分钟内毁掉",这凸显了他对道德资本重要性的深刻理解。正是这种坚持道德原则的态度,帮助他在商界赢得了极高的尊敬,并为他的公司伯克希尔·哈撒韦建立了强大的品牌。

3. 决策质量与人际关系的优化

面对复杂和充满不确定性的情境,道德原则像一盏明灯,为我们提供了清晰的指引。它帮助我们在错综复杂的选择中做出更明智、更合理的决策。此外,在人际互动的层面,道德原则的遵循同样至关重要。它们不仅指导我们如何以尊重和诚实的态度对待他人,还帮助我们建立和维持更加健康、更具信任的关系。道德的遵循不仅体现在我们的行为选择中,更深刻地影响着我们与他人的相互作用和连接,从而形成了一种良性的互动模式,有助于我们在人际关系的建立和维护中赢得尊重和信赖。

四

柏拉图说:"意志不纯正,则学识足以为害。"

观察当今的世界,我们不难发现,道德已逐渐成为当代社会中的一种稀缺资源。近年来食品安全问题屡屡成为舆论焦点,从三聚氰胺奶粉事件到地沟油、假鸡蛋等一系列丑闻,这些事件背后反映的不仅仅是监管的失效,更是道德的缺失。这些问题的根源,在于一些生产者和商家追求利润最大化的同时,忽视了对消费者健康和生命安全的基本责任。这种短视和自私的行为严重损害了社会的整体利益,更使社会形成了广泛的互害机制,每个人都深受其害,损人利己者也不能幸免。这些食品安全事件不仅造成了巨大的经济损失,更重要的是,它们削弱了公众对食品行业的信任,破坏了社会的道德基础。在这种背景下,重视并践行道德原则显得尤为重要。它不仅是个人修养的标志,更是企业和整个社会可持续发展的关键。

第二节 戒律原则

一

释迦牟尼对于戒律原则极为重视。据《佛遗教经》记载,他在世间的最后时刻,向弟子们阐释佛法时,特别强调了戒律的重要性。那时,他在娑罗双树之间将入涅槃。那一日的夜半时分,他最后一次向弟子们传授佛法,其中大部分时间专注于戒律和持戒的讲解。

释迦牟尼告诫弟子们:"在我涅槃之后,你们必须极度尊重并恭敬地奉行波罗提木叉(戒律)。应当将其视为黑暗中的光明,贫穷者所得的宝藏。

它将成为你们的指导灯塔。即便我继续留在人间，也与波罗提木叉无异。"

他进一步指出，那些持守清净戒律的人，应当远离商业活动；不涉足田地和房产的购置；不蓄养奴隶和动物；避免种植作物和积累财富等行为，犹如避免火坑。此外，他还强调，不应当以配药治病、占卜、观察天象或任何形式的预言来维生。

释迦牟尼还提醒弟子们要节制身体的欲望，午后不食，依赖乞讨和供养维生，不应参与世间政事或成为双方使者，不习鬼神咒术，不结交权贵，应避免嫌贫爱富的心态。他强调要端正心念，专心追求解脱，不隐藏缺点或炫耀虚假的灵异以迷惑人心。对于日常的饮食、衣着、卧具和药品等基本需求，应适量满足，不贪求过多。

最后，释迦牟尼总结道："以上是持戒的基本要求。戒律是通向真正解脱的根本，因而被称为波罗提木叉。正是通过持戒，才能培养出禅定和智慧，以灭除烦恼。因此，比丘们应当严守清净戒律，不让其破坏或缺失。谁若能守戒清净，便能具备各种善行和法门；若无清净持戒，所有的功德都难以实现。故知戒律乃是无上的安乐和功德之源。"

二

戒律原则是在个人的内在成长过程中，依据特定戒律或明确规范，规范个人行为的原则。这不仅包括主动戒除那些阻碍精神成长或道德进步的行为，也包括积极履行某些必要的行为。戒律原则要求个体识别并放弃有害行为，也鼓励个体积极实践那些促进道德和精神发展的行为。通过这种双向的自我规范，个人可以实现更全面的道德和精神上的成长。

戒律原则之所以被释迦牟尼格外重视，并非因为它的重要性超越其他众多原则（例如，超越了道德原则），而是因为它与持续原则和强迫原则一样，是向内生长原则中最明确具体、易于理解的原则，从而使其在实践中更易于被贯彻执行。它的可操作性和易实施性，为向内生长者提供了一个坚实可靠的道德和精神实践基础。

三

从向内生长的角度来看，"戒"的真谛在于避免"负生长"，将我们的时间和精力集中在促进"正生长"的目标和行为上。例如，一个作家会制定一系列戒律来抵制具体的负面行为，如在写作时戒除社交媒体、家务或无端的网页浏览，这样做的目的是戒除根深蒂固的"拖延"负生长。这种戒律不仅仅是关于避免某些具体行为，更深层次地，它关乎于改变那些已经成为我们生活一部分的消极习惯。

通过戒除日常中诸如频繁检查电子邮件、长时间沉迷于电视剧集、无目的地网上冲浪等行为，我们实际上是在抵御那些消耗我们精神能量、阻碍我们向更高目标迈进的负生长习惯。

四

戒律原则，本质上，是"最佳生存原则"对其他先天生存原则（即最佳感觉原则、阻力最小原则和能量最小原则）的一种克制和平衡。这一原则的应用范围非常广泛，不仅体现在日常生活中的小事上，比如为了保护儿童牙齿而戒除糖果，为了减肥和维护健康而限制零食、碳水食物摄入，更体现在它影响着我们的职业和生活。

例如，许多追求职业成就的人，尤其是那些需要在工作中高度专注和精确决策的专业人士，如私募基金经理们，他们即便有可能在家中工作，却常常选择租用正式的办公室或者长途通勤到公司上班，这种选择背后的逻辑正是戒律原则的体现。正式的办公环境自然而然地戒除了家庭中的各种干扰和诱惑，如家庭琐事、网络诱惑或家庭成员的打扰等，这些都可能成为工作效率和质量的障碍。在办公室，专业的环境设定、同事的存在，以及固有的工作文化共同构成了一种有助于提高工作专注度和效率的"自然戒律"，有效地帮助这些专业人士戒除了与工作无关的行为，使他们能够更好地集中精力投入职业目标的实现。

五

戒律原则远不止于简单地戒除某些具体行为,其更深远的目的在于培育个体的自制力。这种自制力是人类能力中最为关键且培养最为艰难的一种,甚至比在竞争中战胜他人更加困难。同时,它也是向内成长过程中最为重视的能力之一。正如老子在《道德经》中所言:"知人者智,自知者明;胜人者有力,自胜者强。"这句话深刻揭示了向内生长的本质:真正的智慧源自自我认知,真正的力量源自自我克制和自我超越。

第三节 强迫原则

一

无论是工作、学习还是向内生长,人们都会发现,成功的秘诀往往植根于两大原则的结合:戒律原则和强迫原则。以工作为例,其真谛在于首先明确一个目标,并为之设定一个固定的时间框架,比如从早上 8 点持续至晚上 5 点。在这一时段内,戒律原则负责戒除所有非工作相关的活动,而强迫原则,则负责强迫个体投入工作流程,无论这个人是否情愿。其信条在于,强迫一个人进入流程之后,无论如何自会有成果。

观察世界上所有的工作都有这种应用强迫原则的特征,从建筑工、保安、门卫等体力工作者,到设计师、作家等脑力工作者,其工作都迫使当事人不得不在规定的时间里专注于既定任务,哪怕是那些极其乏味或充满挑战的工作。以写作为例,即使在极度无聊中,通过强迫自己在固定时间内专注于写作,往往能激发出意想不到的创新思维,并完成大量工作。事实上,任何职业都是这样,要想突破单调乏味,就必须跨越自我舒适区的界限。这便是工作的真谛：戒律原则结合强迫原则，时间框架加上对目标的规定。达成目标不一定需要巨大的努力，但确实需要长时间的专注和持续的投入。尤其是面对艰难的任务，所需的时间往往更长，通过积累小胜利来取得最终的大成功。在这个过程中，无论多么无聊、疲倦或是不愿意，都需要克服这些障碍。

人们发现成功的关键就是在枯燥和无聊中坚持不懈，至于工作成绩的优劣，则取决于个人天赋。有天赋的人，在遵循戒律和强迫原则的同时，如果能在固定的时间内专注工作，通常能够取得更好的成绩。相反，即使天赋出众的人，如果缺乏适当的工作环境和时间管理，往往也不如那些天赋平凡但更加自律的人。

二

强迫原则，就是你要强迫自己去做该做的事情，是指在个人的向内生长过程中（以及在其他活动中），强迫自己去从事创造价值的活动的原则。它出于最佳生存原则对先天原则的洞察，通过促使个体主动迎向那些非理想的感觉，直面更大的阻力，以及投入更多的能量，来战胜由最佳感觉原则、阻力最小原则和能量最小原则所引导的自然倾向。在此过程中，个体不仅是在努力实现其目标，更是在进行一种深刻的内在成长。

强迫原则要求个体超越简单的舒适区和自然的倾向，通过自我强迫的方式，去追求那些在短期内可能看起来困难重重，但从长远来看却能带来显著成长和实际价值的目标。

三

强迫原则是行动原则，就是强迫人们进入行动。所针对的最大负生长就是"光说不练"的牢骚习惯。我们有太多的人属于牢骚派，其本质在于想用自己的声音促使别人去行动。心理学对此有特别的解释。牢骚的本源出自婴儿的啼哭，他用声音促使周围的成年人来帮他解决问题，比如让妈妈来给他喂奶。随着成长，婴儿的啼哭发展成抱怨、埋怨和牢骚。人世间最高级的牢骚是忧国忧民的牢骚，试图通过声音动员别人去采取行动。生活中有太多纯粹的牢骚派，他们在语言上花费巨大的精力，说服、抱怨、唠叨，但绝不采取真正的行动。当他发现别人不会因为自己的牢骚而采取行动的时候，他所采取的"行动"是更多的抱怨和牢骚。

四

强迫原则包含两个核心原理。首先，只要你强迫自己开始行动往往会发现，事情并没有最初想象的那么困难。其次，一旦你强迫自己投入某种行动，内心会感到更加踏实和安定。

中国有句民谚："眼是懒汉，手是英雄汉。"还有另一句谚语："万事开头难。"这两句话共同传达了一个观点：一旦克服了行动的初始不适，并真正投入其中，你会发现事情其实并不像最初那般艰难。

以路遥为例，在正式开始撰写《平凡的世界》之前，他深感困难。但当跨过最初的写作阶段后，他逐渐进入一种每日自动，甚至难以遏制灵感的写作状态。

乔布斯在开发第一代iPhone时面临巨大的技术和市场压力。初始阶段，他和团队遭遇了众多难题，但通过强迫自己持续地努力和不懈地探索，他们最终突破了这些障碍，创造了一款改变世界的产品。

《哈利·波特》系列的作者J.K.罗琳[J.K. Rowling，是她的笔名，她本来叫乔安妮·罗琳（Joanne Rowling）]，在初步构思和创作过程中，面临贫困和拒稿的双重打击。然而，她强迫自己坚持不懈地写作，终于克服了这些挑战，创作出了这一备受欢迎的系列小说。

五

强迫原则还意味着，一旦你强迫自己投入某种行动，内心会感到更加踏实和安定。

比如长跑运动员，面临重要的比赛，往往会感到紧张和不安。但当他开始按照训练计划，每天早起进行跑步训练时，逐渐地，他发现自己对比赛的焦虑减少了。每完成一次训练，他就感到更加自信，准备更加充分，内心变得更加踏实和安定。

第二次世界大战期间，英国首相温斯顿·丘吉尔面临着巨大的压力和重任。据说，在那段极为艰难的时期，他每天要工作长达18个小时，以应对战争带来的连续挑战。在这样高强度的工作环境下，当有人关切地询问他是否因如此沉重的责任而感到忧虑时，丘吉尔以他特有的幽默和坚定回应说："我实在是太忙了，以至于我没有时间去忧虑。"

戴尔·卡内基曾经这样表述："那些在图书馆与实验室中投身于研究的人们，极少会因为忧虑而遭受精神上的崩溃。这并非因为他们对生活中的压力免疫，而是因为他们如此专注于他们的研究工作，以至于没有时间去体验这种'奢侈'。"

对抗焦虑等不良情绪，让内心获得平静，这不正是向内生长追求的主要目标之一吗？

第四节　持续原则

一

2023年10月，在广州广园中路上演了一起令人扼腕的交通悲剧：一辆小轿车与一辆出租车发生碰撞，随后小轿车迅速自燃，车主不幸身亡。事故初期，公众的不满主要指向出租车司机，质疑其驾驶方式不规范，认为这是引发事故的主要原因。然而，行车记录仪的视频揭示了另一番景象：出租车在碰撞前的几秒钟已经开始减速，轮子停止转动，甚至触发了ABS

防抱死制动系统。

在中国，被称为"老司机"的那些驾驶技术高超、经验丰富的人士，之所以能够娴熟地应对各种复杂路况和突发事件，归功于他们长时间的驾驶实践和大量的"公里数"积累。这里的"公里数"不仅仅代表行驶里程的简单累积，更是对各种驾驶技巧、路况判断和应急反应能力的持续锻炼和精进。例如，在处理繁杂的交通流中，老司机们能够准确执行加挡和减挡操作，知晓何时加速以避开交通拥堵，何时减速以确保行车安全。在变道、倒车或停车入库等操作中，他们熟练地利用后视镜辅助判断，精确测量车辆与周围障碍物的距离。遇到紧急情况如急刹车、避让行人或紧急转弯时，老司机能够迅速评估周边环境，作出快速决策。特别是在危机处理中，他们往往会采用反直觉的"减速而非转向"策略。正如广园中路的事故所示，出租车司机在高速行驶中，面对紧急情况时选择了减速而非转向。这种策略虽然违背直觉，但却是为了尽可能避免事故或减轻事故的合理做法。实际上，这些老司机所展现的所有经验和技巧，正是他们长期无意识地遵循持续原则的结果。

二

持续原则，是指在个人的向内生长过程中，坚持持续性的行为和实践的原则。它要求个体持续地投入时间和精力，通过反复的练习和长期的坚持，实现对特定技能、真理、知识、思维和行为习惯，以及道德理念的深化和内化。持续原则基于对人类学习和成长过程的深刻理解，认为只有通过持久的努力和不懈地重复，个人才能在思想、习惯、人品塑造和能力提升等方面获得真正的改善和成果。

向内生长作为对个人生涯的管理实践，其与普通的学习过程截然不同。这种成长强调将那些灵光乍现的真理，通过持续的实践，转化为内在的思维习惯和性格特质。在这一过程中，应用持续原则至关重要，它涉及将深刻的真理内化至我们本我的潜意识深处，使之成为我们行动和思考的自然部分。

三

佛教中的精进六度提供了对持续原则的深刻诠释和实践案例。

精进六度是指持续不断地实行六种修行方法：布施、持戒、忍辱、精进、禅定和智慧。这些修行不仅仅是外在的行为，更是内在精神和道德修养的体现。例如，布施并不只是物质上的给予，更体现了一种无私和大方的内心状态；持戒则是对自身行为的规范，旨在培养纯洁和道德的品格。

持戒活动根植于戒律原则，其实践依赖于持续原则的坚持。这意味着，每天我们都需要重新审视并温习自己所持守的戒律，因为遵守戒律本身就是一项挑战，而且每个人的生活环境和个人状况都会对其产生影响。例如，设定早晨起床不浏览抖音这样的戒律，就需要我们日复一日地提醒自己，可以通过在墙上贴上戒律提醒，以此来坚持这个习惯。同样，戒烟也是一个艰难的过程，实际上，戒除任何东西都充满挑战。因此，每天对戒律的温习和思考变得至关重要，它帮助我们持续地在道德和自我约束上取得进步。

特别是精进六度中的"精进"，它强调了通过不懈努力，不断地克服困难和阻碍，以促进个人的内在成长。

"精进"在佛教中可以被视为持续原则的一种体现。在佛教的语境下，"精进"特指持续不懈地努力修行，克服各种障碍和困难，以促进个人的内在成长和精神提升。这种不断的努力和重复的修行过程，与持续原则的核心思想是一致的，同时也正是向内生长的核心所在。通过长期的精进修行，佛教徒能够逐渐淡化贪欲、愤怒和愚痴，最终达到清净的心态和更高的智慧水平。

四

持续原则的反向应用，即在负面行为上的持续性，会导致"负生长"。例如，仇恨就是愤怒的持续化。佛教强调戒除贪、嗔、痴，是因为如果不对这些负面心理状态进行日常的积极抵制，它们将会通过持续原则的反面应用而加深和固化。"嗔"（愤怒）如果不加以控制，就会演变为持续的仇恨，而仇恨是人生最大的毒药之一。

同样地，对"贪"（贪欲）的持续放纵会导致无止境的物质追求和内心的不满足，从而形成一种负向的精神循环。而"痴"（无知或愚痴）的持续性表现在对真理和知识的持续性忽视或误解中，导致个体在错误的观念或偏见中深陷。

因此，持续原则在生活中拥有双刃剑特性，必须积极配合运用戒律原则，以防止其应用于负生长。

五

在个人生涯的管理实践中，向内生长的过程同佛教中的精进六度一样，都强调了持续原则的重要性。它要求我们不仅理解和认识到真理，而且通过不断的实践和重复，将这些真理深植于心，从而实现个人的思想、习惯和性格的根本转变。这种转变不是一朝一夕的成果，而是长期坚持和不断努力的结果。

第五节　觉察原则

一

中国的武侠小说和当代网络小说的读者们对觉察原则其实颇为熟悉。在他们看来，无论是深奥的武学内功，还是修仙功法的精进，都离不开深度的自我觉察状态,通常被称作"入定"。这种状态可视为觉察原则应用的最高境界。我们常被告知,在修炼高深的内功或修仙过程中,需要在大脑中实施特定的心法,也就是一种激发人体潜能的流程,其核心在于将"意念"——即对身体内部的注意——沿着特定的体内路径运行。在现实生活中,这种修炼可被视为一种独特的自我觉察形式,也有许多"心法"流传于世,但鲜有被证明是确实有效果的。

二

佛教世界最著名的觉察原则故事,来自《问佛决疑经》中"拈花微笑"的典故,是关于佛陀释迦牟尼和他的首席弟子摩诃迦叶之间的非言语交流。

据经中记载,在一次集会上,佛陀面对众多弟子,没有发表任何言论,而是静静地拈起一朵花展示给众人。在场的所有弟子都很困惑,不知佛陀此举何意。然而,摩诃迦叶却会心地微笑了。佛陀见状,宣布说:"我有正法眼藏、涅槃妙心、实相无相、微妙法门,不立文字,教外别传,今付嘱摩诃迦叶。"这意味着佛陀将这种直指人心、不依赖语言文字的法门传给了摩诃迦叶。

有一种广泛流传的信念认为,佛陀所传授的正法眼藏代表了一种极端微妙的境界,无法通过言语来传达。这体现在佛法的传递方式中,尤其是禅宗所强调的"心传心",超越了语言和文字的限制,实现了一种心灵与心灵之间的直接沟通。现代心理学对此提供了一个解释:这种境界实际上是深度自我觉察状态下引发的自我催眠状态。佛教经文中的许多描述,尤其是《心经》中的描述,与这种自我催眠状态不谋而合。

例如,米尔顿·艾瑞克森——西方非常著名的心理治疗师和催眠治疗的先驱——的催眠方法就颇为引人注目。他采取的方法是先对自己进行催眠,然后再对他人进行催眠,导致他经常记不住催眠过程中的具体细节。在艾瑞克森关于催眠状态的众多描述中,我们可以发现其与描述神秘"禅"

状态的叙述惊人的相似。

三

觉察原则，强调的是在进行任何活动或非活动时，尽最大努力保持自我觉察状态。具体来说，它倡导我们尽量频繁地觉察自己的身体或心灵的内在变化过程和体验，提倡对自己的思维、情绪和行为保持持续的关注和认识，以促进更深层次的自我理解和成长。

中国道家强调人们应进入一种深度的自我觉察状态，这被称作修炼。老子在《道德经》第四十六章中如是阐述："致虚极，守静笃，万物并作，吾以观其复"，推荐人们安静独处，追求一种极端的自我觉察。在这一章节中，老子还描述了这种状态的感受："夫物芸芸，各复归其根"，描述处于此状态的人将感受到一种从繁忙转向宁静的过程，仿佛是机器减速回归平和的状态。

此后，东汉魏伯阳在他的著作，被后人誉为"万古丹经王"的《周易参同契》里的"关键三宝章"中，具体化了《道德经》第四十六章的教义："耳目口三宝，闭塞勿发通。真人潜深渊，浮游守规中。旋曲以视听，开阖皆合同。为己之枢辖，动静不竭穷……"他描述的是一种极端的自我觉察活动（入室修炼）过程中，人的意识（文中的"真人"）沉浸于身体之内，仅接收、感知和了解体内的信息。这样的修炼使得个体在信息处理上从一个开放系统转变为一个封闭系统。

四

在我们的日常生活中，深度自我觉察的时刻其实无处不在。在这些瞬间，我们常常会下意识地闭上眼睛，全神贯注于当下的体验。

比如，当品尝到巧克力瞬间融化在口中的那份美妙时，我们会不自觉地闭上眼睛，专注于舌尖上细腻的味觉享受。品酒师在品鉴美酒时，他们会先注视酒的色泽，然后将鼻尖靠近酒杯，感受酒的香气，继而轻啜一小口，闭上眼睛，细细品味酒液在口腔和食道中流淌的丰富感觉。一位女士在与心仪的男士接吻时，也会闭上眼睛，沉浸在那一刻无穷变化的相爱感受中。在冬日里，经过寒冷的通勤回到温暖的家中，有人会选择热水沐浴或泡在暖和的浴缸里，闭上眼睛，享受着全身由冷转暖，仿佛春水化冰般地逐层解脱。而当小提琴家或钢琴家在舞台上演奏时，他们常闭上眼睛，完全沉浸在那激情而忘我的音乐世界里……这些都是我们在日常生活中，通过深度的自我觉察，与世界和自己的内心进行深刻交流的珍贵时刻。

五

觉察原则的应用范围极为广泛，涵盖了我们生活中的每一个角落，无论是在体力劳动还是脑力活动中。例如，在插花艺术中，艺术家会全神贯注于每一朵花的姿态，每一片叶的走向。在静谧的环境中，他们细致地调整花枝，以达到和谐与平衡的美感。

同样，在茶道中，每一个动作都充满了深度的自我觉察。从选择茶叶、烹煮水温，到轻抿一口茶汤，茶艺师们在每一步骤中都展现出对细节的极致关注。他们在品茶时，闭上眼睛，感受茶香在口腔中的绽放，体会茶汤滑过喉咙的温热触感。

实际上，许多人深深推崇觉察原则，他们将这种持续不断的深度自我觉察称作"活在当下"。无论是在宗教领域还是在世俗生活中，人们普遍追求"活在当下"这一自我觉察的极致状态。这一原则强调了完全投入当前时刻，不仅是体会身体上的存在，更是心灵上的全然觉醒和参与，启动了反思和纠正负生长的过程并形成习惯。

六

在这个人工智能迅速发展的时代，许多人对人工智能是否会发展出意识并潜在地威胁到人类表示担忧。然而，从短期来看，这种担忧似乎有些过早。人类意识的核心要素之一是自我觉察，而当前的人工智能技术尚未达到具备这种自我认知能力的水平。目前的 AI 主要是基于算法和大数据，它们执行特定任务时虽显示出高度的效率和精确度，但仍缺乏对自身存在和行为的主观理解……然而，未来会如何呢？

第六节　适应原则

一

在现代商业史上，很少有人像华为创始人任正非那样，能够在快速变化的全球科技市场中，展现出如此卓越的适应能力。

任正非的职业生涯始于中国人民解放军工程兵，之后转型为一名民营企业家。1987 年，他创立了华为，最初只是一个小型的电话交换设备销售商。面对国内外大型电信设备供应商的激烈竞争，任正非很快开始主动适应技术创新与市场变化。20 世纪 90 年代初，随着移动通信技术的兴起，任正非领导华为转向了自主研发。他推动企业加大技术研发投入，逐步实现从模仿到创新的转变。

此后，任正非面临了一次重大的转型挑战。1997 年，华为内部运营流程繁复，产品质量频频出现问题。任正非决心进行深刻变革，引入 IBM 的管理体系，彻底改革华为的内部流程。这一决策不仅涉及巨额投资，更代表着对企业文化和工作方式的全面革新。面对内部的阻力和抵触，任正非坚定不移："不合脚就削足适履，不适应的就下岗，抵触的就撤职。"这一决心和执行力，最终让华为在产品开发周期、稳定性、故障率和交货率等方面取得了显著的进步。

面对国际市场的挑战，任正非带领华为进行了大胆的市场拓展。他坚持"走出去"的策略，将华为的业务拓展到全球。在不同国家和地区，华为需要适应不同的市场环境、文化差异和政策法规，这对于任正非和他的团队来说，无疑是一次又一次的适应性考验。

近年来，由于全球政治经济格局的变化，华为面临了前所未有的外部挑战，包括贸易禁令和市场准入限制。面对这些外部压力，任正非展现出的不仅是商业智慧，更是心理和情感层面的强大适应力。他在公开场合多次强调，对挑战的应对不是抱怨和逃避，而是通过更加深入的内部管理改革和技术创新，寻找新的增长点。

二

在向内生长的过程中所强调的适应原则，是指个体在自我发展和内在成长的旅程中，应不断地主动调整和完善自己的思维模式、情感反应和行为策略。这样做的目的是更有效地适应不断变化的内在和外在环境。适应原则融合了强迫原则的精髓，强调的不仅仅是对外部环境的适应，更是对内在心理状态和能力的调整和提升。

以《盗梦空间》和《蝙蝠侠》系列的导演克里斯托弗·诺兰的职业生涯为例，早期面对电影行业的高度竞争和严苛标准，他非常不适应，但他强迫自己在创意表达和商业实践之间找到平衡，同时在艺术追求和观众期待之间调整自己的作品。通过不断的自我反省和创新，诺兰成功地将自己的电影理念与市场需求相结合，创作出一系列深受欢迎且艺术价值极高的电影。

三

适应原则首先强调思维模式的适应与优化。它要求个体通过深入反思、批判性思维和创造性思维，持续地挑战和更新自己的认知框架和信念体系，避免变得像花岗岩头脑一般固执和僵化，成为能够灵活地应对并理解生活中各种情境的人。

亚马逊公司的创始人杰夫·贝索斯，以其开放、前瞻性的思维著称。

在亚马逊的发展过程中,他不断地对公司的业务模式进行创新和调整。从最初的在线书店到后来的电子商务巨头,再到云计算服务的引领者,贝索斯成功地引导了亚马逊的多次转型。在这个过程中,他的思维模式始终保持着弹性和创新性,使他能够预见并抓住新兴市场的机会,同时也在面对挑战和失败时保持坚韧和适应性。

四

作为向内生长的重要原则,适应原则强调重视情感调节与内在平衡,需要个体学会识别、理解并合理表达自己的情感,同时发展情绪智力,以更加成熟和平衡的方式应对情绪波动,实现内在的情绪稳定。

世界知名的心理学家丹尼尔·戈尔曼在情感智力(情商)领域进行了开创性的工作。他在研究和著作中强调,情绪智力——包括自我意识、自我管理、社会意识和关系管理——对于个人的成功和幸福至关重要。他自己就是情绪智力实践的典范,通过深入的自我反思和持续的学习,戈尔曼不仅在学术界取得了显著成就,而且帮助无数人理解并改善了自己的情感生活。

五

在其他方面,适应原则还涵盖了行为适应与自我管理,以及对持续学习与发展的不懈追求。这些方面也同样是向内生长中其他原则的重要组成部分,比如我们接下来要探讨的学习原则。综合来看,适应原则强调的是一种动态的、持续的自我净化过程。这个过程在某种程度上类似于生物的后天进化,但人类的后天进化在速度和强度上远超其他任何生物。这归因于我们拥有所有动物中最具可塑性的大脑。这个大脑不仅是我们思想和情感的核心,也是实施适应原则的生理基础。主动适应,几乎可以被解读为"向内生长"的代名词。

第七节　学习原则

一

莫罕达斯·卡拉姆昌德·甘地（Mohandas Karamchand Gandhi，1869年10月2日—1948年1月30日）是印度独立运动的领袖和非暴力抵抗哲学的先驱。他的一生充满了对向内生长和自我实现的追求，这些都体现在他的学习、行动和思想中。

甘地年轻时前往英国学习法律，这是他早期自我探索的重要阶段。在英国，他接触到了不同的文化和思想，包括对素食主义和宗教多元性的探索。这段经历对他日后的价值观和哲学有深远影响。

1893年，甘地作为一名年轻的律师，被一家印度商会派往南非，处理一起商业纠纷案件。原本计划只在南非停留一年的甘地，因为震惊于当地印度人所遭受的种族歧视和不公正待遇，决定延长他在南非的逗留时间。

在南非的21年间（1893—1914），甘地成了印度侨民社区的领袖和权益倡导者。他亲身经历了种族隔离政策带来的歧视和不平等待遇，这些经历深刻地影响了他的世界观和后来的非暴力哲学。在南非，甘地首次组织了非暴力抗议活动，反抗不平等的法律和政策。他发展的"非暴力"概念，不仅是一种政治抗议的手段，更是一种道德和精神上的追求。他认为非暴力不仅是对抗不公的手段，更是一种达到真理和自我净化的方式。在向内生长方面，甘地坚持简朴的生活方式，拒绝物质主义和过度的消费。他自己纺织衣物，采用自给自足的生活方式，还在宗教和精神上展现出深刻的多元理解。他研究并尊重多种宗教传统，包括印度教、佛教、基督教和伊斯兰教，并从中汲取精神的滋养。

在后来的印度独立运动中，甘地的领导不仅是政治上的，更是精神和道德上的。他通过非暴力及和平的手段引领了一场深刻的社会变革，这体现了他在内在成长上的深刻实践。

甘地的一生贯彻了对向内生长中的学习原则。

二

我们可以在世界上见到几种不同的学习路径。第一种是工具性学习，它是为了掌握生活与工作所需的知识与技能的学习，务实而直接。第二种是社会性学习，它是出自社会生活的自然而然的学习，也就是一个人在家庭生活、人际交往、媒体宣传、传统甚至宗教中发生的自然而然的学习。第三种则是更为艰难的旅程——专注于向内生长与自我实现的学习。这种学习，不仅是极为主动的生涯规划和生活管理，更是对其他类型学习的反叛与平衡，涉及一系列深刻的心灵探索：道德观与价值观的构建和改造、自我认知与深度反思、批判性与创新思维、情感的细致管理、务实的解决问题导向、人际交往中的高效沟通技艺、终身学习的持续热情，以及身心健康的全面关照。其中，最为关注的是面向反传统的创新式学习，这种学习中非常独特的一个方面是"减法学习"——这一过程涉及逐步剥去那些不再有益甚至有害的知识与观念，回归至最纯粹、最本质的智慧状态。

在《道德经》中，老子提出了一种深刻的"减法智慧"，即"为学日益，为道日损"。这不仅仅是现代心理学中所提倡的"心理减负"，更是一种深层次的内在净化过程。它要求我们不仅减轻心理负担，还要淘汰那些从过去生活中积累的不良文化、习俗、价值观，以及错误的知识和观念。通过这种方式，我们可以选择性地吸收对自己真正有价值的知识和思想，从而专注于对自己重要的事物，达到心灵的清净和内在平和。

向内生长的学习原则，正是上述第三种学习的精髓所在。

三

在学习原则中，特别强调了怀疑精神的重要性。这种怀疑不仅针对宗教、传统和信仰，更广泛地涉及我们日常生活中的各种观念和习惯。这些怀疑的核心目的是追求真理，因为人们在工具性学习和社会性学习的过程中，往往不自觉地接受了大量无用的甚至有害的信息。这些信息可能来源于文化中的糟粕、意识形态的偏见、不良习俗、传统和宗教以及普遍的无知。在各种媒体中充斥着相互冲突和撕裂的价值观和理念。这种环境下，怀疑成为一种必要的自我保护和自我净化的工具。

向内生长的学习原则，对这些有害的文化和知识成分持有强烈的抵制态度。它倡导我们对传统知识和普遍接受的观念保持一定的警觉，不断地质疑和审视这些知识和观念的真实性和适用性。通过这种深层次的怀疑和质疑，我们能够更好地识别和剥离那些不再有益甚至有害的知识与观念，使自己的思维更加清晰和纯粹。

四

学习原则倡导终身学习的价值观，这实际上是对包括持续原则、强迫原则、适应原则和道德原则在内的各种向内生长原则的具体实施。以适应原则为例，我们在面对这个不断变化的世界时，必须通过持续的学习来应对和适应。个人无论是内在成长和发展、心理与情感健康的维护、对社会和文化的适应，还是生命目标的不断演进，都离不开终身学习这一核心实践。这种学习不仅是知识的积累，更是一种深层次的自我探索和精神净化。通过对传统观念的怀疑和反思，我们学会剥离那些不再有益或有害的知识与观念，从而达到一种心灵的清净和内在平和。因而终身学习的过程，成为面向外部世界的适应性挑战，也成为面向内在世界的深刻转化，是我们在道德和精神层面上不断实现自我提升和完善的重要途径。

第八节 开放原则

一

在历史和现代向内生长的名人中,具有开放性心灵的人可以追溯到老子、庄子、孔子,以及释迦牟尼、苏格拉底、查尔斯·达尔文及阿尔伯特·爱因斯坦等很多人。

春秋时期的老子被怀疑是从未来穿越到过去的人,他的作品《道德经》中涉及宇宙的生成("有物混成,先天地生""无名,天地之始,有名,万物之母")、相对论("有无相生,难易相成……")、治国、哲学、修炼、生理学("谷神不死,是谓玄牝……")、遥感("不出户,知天下;不窥牖,见天道")等多方面,心灵开放性超越今人。

庄子与老子并称为道家学派的代表人物,其心灵的开放性方面表现在他对世界的宽广视野、对生命的深刻理解以及对传统观念的挑战上。其作品《庄子》中充满了寓言故事、隐喻和哲学辩论,强调了事物的相对性和主观性,常用"齐物论"来表达万物都有其存在的合理性,提倡顺应自然(无为而治)、随遇而安、逍遥游的生活态度,其思想经常挑战传统的价值观和社会常规,文字常含幽默和讽刺,这不仅使得他的哲学思考更加生动,也反映了他对于复杂问题轻松、开放的处理方式。

佛祖释迦牟尼在菩提树下悟道成佛,心灵开放性在其教导与思想中体现得淋漓尽致。他设定的教义涵盖了生命的苦难本质、因果律、八正道、涅槃等深奥的宗教与哲学理论,提倡"中道",避免极端的苦行和放纵,寻求平衡的生活方式,并鼓励弟子们不要盲目接受权威,而是要通过个人的实践和体验来验证教义的真实性。

古希腊哲学家苏格拉底是西方哲学的奠基人之一，以其独特的对话方式（苏格拉底式问答）对教育和道德哲学进行了深刻探讨。其哲学探索不仅局限于抽象的概念，更关注如何在日常生活中实践美德和智慧。他对传统价值观和社会常规的质疑，展现了他心灵的开放性。他对雅典当时的民主制度和道德观念提出了深刻的质疑，这最终导致了他被判处死刑。

二

向内生长追求精神的解放，其核心是反抗传统思维的束缚，这与学习原则的目标一样。另外，精神解放还包括戒除不良行为以摆脱其束缚、克服偏见、对抗洗脑和固有思维等，因此自由心灵的开放性是其固有追求。

开放原则，是指在个人的向内生长过程中，主动拥抱变化与多元，不断扩展思想和认知边界的原则。它要求个体主动探索新知，接纳不同观点，质疑固有信念，并勇于面对和适应变化。通过开放原则的实践，个体不仅能够吸收更广泛的知识和智慧，还能在多元文化和思想的碰撞中促进自我意识和思维的成熟。开放原则基于对人类认知和心灵发展的深刻理解，认为只有通过不断的开放和适应，个体才能在思维的灵活性、理解力的深度和创新能力等方面实现真正的成长和进步。

查尔斯·达尔文，进化论的奠基人，其对生物进化的深刻洞察和大胆假设，展现了他反抗传统观念和对科学探索的无限开放性。他的理论不仅挑战了当时的宗教教义，也颠覆了人类对自身独特性的传统认识。在他看来，生命的演化是一个长期且复杂的过程，这种观点要求他摒弃先入之见，接纳新的证据和可能性。

阿尔伯特·爱因斯坦，物理学界的革命者，他的相对论不仅改变了我们对宇宙的理解，更体现了他对科学探索的开放态度和创新精神。爱因斯坦的思考跳脱传统框架，他勇于质疑牛顿物理学的基本概念，提出了时间和空间相对性的理论。他的理论展示了一种对未知世界的好奇心和对既定知识的挑战精神。

三

开放原则的实践意味着，个体必须在日常生活中不断追求新的认知和体验。这通常体现在跨文化交流、学习新技能、阅读不同领域的书籍或是积极参与社会和科学的辩论中。通过这些活动，个体能够不断地挑战自己的舒适区，拓展思维的边界，从而培养更加全面和多元的世界观。

第九节　不执原则

一

不执原则的真谛，在于解放我们的心灵，使其从深植于我们内心的执念中获得自由。这种对心灵自由的追求，是心灵成长和深化的关键所在。人的内心世界常常被各种执念所缠绕，这些执念范围广泛，从宏大的意识形态和宗教信仰，到日常生活中的琐碎之事。这些执念不仅限制了我们的思想和行为，也阻碍了我们达到心灵深处的平和与清明。不执原则要求识别并放下这些执念，使我们逐步走向更为广阔和开放的心灵空间，实现真正的内在自由。

不执原则与戒律原则一脉相承，它们都旨在克制人类"本能三原则"。不过，不执原则更具针对性，它着眼于抗衡"本能三原则"中的阻力最小原则，后者总是先入为主地固守旧有的观念、思维、体系、习惯和技能而不思创新。

比如在科学和技术进步的浩瀚历史长河中，总伴随着对旧模式和技术的执着、对新模式和技术的抵制和反对的潮流。在19世纪工业革命的浪潮中，一些工人因担心失业和生活方式的根本变化，采取了破坏新兴机器的行动。在19世纪末至20世纪初，电气化时代的到来，许多工厂和企业的管理者依然固守着蒸汽机和其他传统动力源，对效率更高、更为清洁的电力持有疑虑和抗拒态度。在现代社会，伴随着数字技术的飞速发展，仍有人坚守陈旧的纸质记录和传统的沟通方式，不愿拥抱更加高效的电子数据管理和现代化在线沟通手段。此外，许多国家的民众仍深深执着于本土的传统医学，即便面临生命威胁，也不愿接受现代医学技术的帮助。

二

在佛教中，不执被视为对抗烦恼的核心方法。在佛教哲学中，烦恼（如贪婪、愤怒、无知）被认为是造成苦难的主要原因，需要实践不执原则来减少内心的烦恼和苦难。

不执着的概念可以追溯到佛教的基本教义，即"四谛"：苦谛（生活充满苦难）、集谛（苦难的原因是贪欲）、灭谛（消除贪欲可以结束苦难）、道谛（通过八正道可以结束贪欲）。佛教认为人们之所以遭受烦恼，是因为对世间万物产生了执着，包括对物质财富的追求，对感官快乐的渴望，或者是对自我身份和观点的固守。这些执着导致了内心的不平静和持续的苦恼。

因此，佛教提倡通过修行（如禅修、观照、慈悲行为）来培养不执着的心态。例如，在禅修中，修行者被引导去观察自己的思想和情感，但不对它们产生执着或反应。佛教还强调内观和洞察的重要性。通过深入了解自己内心的工作方式，修行者可以逐渐减少对不实际或虚幻事物的执着，从而减少烦恼。

佛教还认为慈悲和智慧是克服执着的关键。慈悲意味着对所有众生的无私关爱，智慧则是对事物真实本质的深刻理解。通过培养慈悲和智慧，人们可以超越个人的欲望和恐惧，达到一种平和和内在的自由状态。

三

在不执原则的更深层次应用中，一个关键的方面是对内在成长的过程和方法本身的不执着。释迦牟尼在这一领域达到了非凡的高度。他对于自己所传授的佛法也保持着一种超然的态度，如他所言："一切有为法，如梦幻泡影，如露亦如电，应作如是观。"这一教义在《金刚经》中得到了更为详尽的阐述。从这个视角出发，在向内生长和精进的过程中，个体还应该宽容自己潜意识中的"本我"，不应执着于迅速地改造完善潜意识，也不应对潜意识及其固有的"本能三原则"作出消极评价，接受并包容自身先天的欲望和本性，这是向着更高层次的自我实现和心灵成熟迈进的一个重要步骤。

四

不执原则的一个重要方面，在于对愤怒和仇恨情绪的不执着。仇恨可被视为持续不断的愤怒，这两种情绪往往会促使我们内心设定一种完成复仇或报复的自我使命。然而，仇恨和愤怒实际上是巨大的心理负担，它们使我们的意识持续被复仇行为的规划所占据，而且这些规划多数时候仅仅停留在脑海中的空想阶段，也就是不断在思维中重复复仇的场景。这种状态形成了一个恶性循环：越是沉浸于这种空想，愤怒就越加剧；愤怒越强烈，空想就越频繁，形成了一个难以打破的思维怪圈。只有通过宽恕和放下，这一恶性循环才能被打破。哪怕面对深仇大恨，我们在心理层面也不应沉溺于愤怒之中进行筹划。正如《道德经》所言："善为士者不武，善战者不怒，善胜敌者不与，善用人者为之下。"

第五章　向内生长的社会原则

向内生长的社会原则,可以将其视为个人向内生长原则在社会层面的延伸。换言之,这种原则可以看作一种专业训练,而这种训练即是个人较少与社会互动时遵循的准则。在这个框架下,社会原则便是将在专业训练环境中培养的准则,有效地转化并应用于更广阔的社会环境,是一种从个体到群体、从私人领域到公共空间的原则转移与实践。

第一节　解决问题导向

一

解决问题导向是一种聚焦于实际问题、重视实践效果的思维和行动原则。这种导向在管理学、心理学和哲学领域中尤为重要,它强调深入理解现实情况,并在实践中探索有效的解决方案。

解决问题导向实际上是觉察原则、适应原则、学习原则、开放原则和不执原则在社会生活中应用的极致体现。其核心是立足于当前实际遇到的问题,从现实情境出发,而不是从理论推演开始,识别并着手解决具体问题。

这种导向认可在问题解决过程中进行试验和试错。

在心理学的视角中,实验被视为思维的外化,一种将思维从脑内转移到现实世界的拓展。鉴于人类脑内的思维资源是有限的，复杂问题的解决往往需要借助外在的实践。

文化评论家马未都在一次演讲中的表述，恰到好处地揭示了解决问题导向的精髓："我认为一个人活在这个社会上最重要的能力，不是你有多远的眼光。别听那些'成功者'跟你说的那些废话！没有用！都是走一步看一步。"这正是对解决问题导向的精准描绘：核心在于实际行动深入创新和实验的过程。

实验是思维的广泛外化，它能提供比单纯思考更丰富的现实反馈。思考无法解答实验中遇到的问题，因此解决问题导向的关键之一在于马上行动，不局限于脑内的无限思索或口头的反复推演，而是要在实际操作中进行探索。

企业家是解决问题导向的典型代表。他们深知，创业本质上是一场充满风险的探险，没有所谓的预先英明决策。扎克伯格在2017年哈佛开学典礼上的演讲中说："我们这一代人要做一些伟大的事情。也许你在想'我不知道怎样建一座水坝，也不知道怎样让上百万人去做事'。让我告诉你一个秘密，没人一开始就知道怎么做。任何想法并不是一开始就是完整的，它们只在你投入实际行动的过程中变得清晰。你唯一需要做的，就是开始行动！如果我必须一开始就要搞清楚如何建立社区的话，那么我永远也不会开发出Facebook。流行文化经常误导我们，认为伟大人物的灵光一闪使他们创造了奇迹。这是一个最危险的谎言！"

企业家之所以稀缺，是因为真正秉承解决问题导向的人罕见，这也说明了在向内生长过程中解决问题导向的重要性。世界上并不存在能够预知未来、指明方向的英明企业家。那些试图为他人指明方向的领导者，并非真正的问题解决者。对企业家的这种误导性宣传在社会上并不少见，这说明宣传者一开始就误读了企业家。

二

不只是企业家,销售人员、政治家、作家等许多职业同样需要秉承解决问题导向的原则。销售人员面临的是一个充满不确定性的市场,没有任何确切的方法可以保证他们每次都能达成销售目标。政治家在处理社会和政治问题时,往往也需要在没有确切答案的情况下摸索前进。作家的创作更是解决问题导向的一个绝佳例证。作家在创作过程中,就像是在仅有车灯照亮的道路上行进,只能看到眼前的一小段路,无法预见整个旅程的全貌。他们无法一开始就写出完美的作品。海明威曾经说过:"一切初稿都是臭狗屎!"但无论多么臭,你必须坐下来开始写,你先要进入写作流程,哪怕只能写出臭狗屎,然后再慢慢使之变香。

三

解决问题导向是一种务实的方法论,它与评论导向、牢骚和抱怨导向形成鲜明对比。评论导向和抱怨导向往往倾向于通过思考而非行动来解决问题,以这样的原则行事的人习惯于在事后对行动派出现的错误进行回顾和指责,质疑为何没有预先进行周密的计划。社会中的许多军事评论家正是持有这种倾向的典型代表。他们常年对全球战争进行预测和分析,但往往错误频出,因为战争本身就像是"摸着石头过河",是走一步看一步的过程。解决问题导向强调的是在现实情境中的主动探索和实践,而非单纯的理论推演和事后诸葛亮。

四

解决问题导向遵循着追求最佳生存状态的原则,特别强调在实际环境中寻求最佳的生存解决方案。其中,纳尔逊·曼德拉的经历是一个极为生动的例子。

曼德拉深刻理解持续的种族对抗无益于南非整体的最佳生存。在长达27年的监禁中,他类似在高度专业化的环境中进行深度的内在成长。选择与白人统治者和解,因为他认识到,永无休止的报复只会导致恶性循环。对于曼德拉来说,宽恕和原谅不仅是一种更为现实的选择,也是为全体南非人的最佳生存追求而采取的解决方案。

五

解决问题导向的精髓在于活在当下,正如戴尔·卡耐基所引用的威廉·奥斯勒爵士的话:"最重要的不是注视那遥远模糊的未来,而是着手处理眼前清晰的事务。"这种导向鼓励我们将对遥远未来的忧虑转化为对当前具体活动的专注。面对问题时,不应该担忧未来可能出现的情况,而应该直接提出这样的问题:"我现在需要做什么?"或者更具体地问:"目前最重要的问题是什么?针对这个重要问题,我现在应该采取什么行动?"紧接着,全心投入当前的行动中,不要因远方的不确定而感到焦虑。正如《增广贤文》所言:"身欲出樊笼外,心要在腔子里。"这是一种思维方式的转变,不是焦虑地自问:"如果我老了,卧床不起怎么办?"而是自问:"为了防止将来卧床不起,我现在应该做些什么?"

解决问题导向即活在当下,将未来可能出现的问题转化为当前可以解决的具体问题。这种方式能够立即缓解人们心理上的紧张和忧虑,因为忧虑源自对无法掌控的未来的恐惧,而非对当前我们能够掌握的当下时间点的担忧。

第二节 反常规思维

一

伽利略·伽利雷(1564—1642)是历史上反常规思维的典型代表人物。他是意大利物理学家、数学家、天文学家和哲学家,也是现代观测天文学和现代物理学的重要奠基人之一。伽利略支持尼古拉·哥白尼的日心说，这一理论主张地球和其他行星围绕太阳运转，这与当时广泛接受的地心说形成了鲜明对比。地心说认为地球是宇宙的中心，所有天体围绕地球运转，这一理论得到了天主教会的支持。

伽利略使用望远镜观察天体，这是他在1609年改进的一种新仪器。他观察到了月球的山脉和陨石坑、太阳上的黑子及木星的四颗卫星（现在被称为伽利略卫星）。这些观察结果支持了日心说，因为它们与地心说的预测不符。

1610年，伽利略发表了《星际信使》，在其中他描述了自己的这些观测发现。这本书迅速获得了广泛关注，但也引发了学术界和教会当权者的反对。

1632年，伽利略出版了《关于托勒密和哥白尼两大世界系统的对话》，这本书是以对话的形式对日心说和地心说进行比较。虽然伽利略试图呈现一种公正的比较，但书中对日心说的支持显而易见。

由于这本书，伽利略于1633年被罗马天主教教廷审判，并被迫在审判中公开放弃日心说，接受"不得离开住所"的处罚。尽管如此，伽利略在余生中继续进行科学研究，他的许多理论和发现对后世科学发展产生了深远影响。

二

反常规思维作为向内生长的社会原则之一，指的是一种跳出传统思维框架，敢于挑战现有认知和常规理论的思考方式。特别需要指出的是，反常规思维是专门针对阻力最小原则这一本能原则的，后者督促人们在决策时遵循常规、常识、流行观念或观点、传统、预案、既定流程、习惯或直觉冲动，尽量避免运用思考能力从而减小决策时的思维阻力。而反常规思维，则要求我们不满足于现状，积极寻求新的视角和解决方案，即使这些可能与主流观点相悖或被视为非传统。这种思维方式是反人类天性的，它鼓励创新和自我超越，强调开放性、好奇心和对未知的探索。在实践中，反常规思维意味着质疑既定的真理，探索多元化的可能性，以及勇于实验新的思想和方法，从而在个人和专业层面上实现持续的成长和发展。

以阿尔伯特·爱因斯坦（1879—1955）为例，他的相对论是反常规思维的巅峰杰作，包括1905年的狭义相对论和1915年的广义相对论，对物理学的基本观念构成了深刻挑战。

狭义相对论首次提出时间和空间的相对性概念。爱因斯坦在这里提出了两个革命性的假设：物理定律在所有惯性参考系中都是相同的，以及光速在真空中是恒定的，不依赖于光源的运动状态。这些观点与当时流行的牛顿力学和电动力学理论存在显著差异和对立。在牛顿力学中，时间和空间被视为绝对和独立的存在。时间在整个宇宙中统一流逝，空间在各个地方都是均匀一致的。而在电动力学中，光速会受到光源运动状态的影响。

广义相对论进一步扩展了狭义相对论的概念，提出了引力是由质量对时空的曲率所产生的。这与牛顿的引力理论形成了根本的不同。在牛顿的引力理论中，引力被认为是两个物体之间的一种远距离作用力，这种力的大小与两个物体的质量成正比，与它们之间的距离的平方成反比。牛顿的理论在很长一段时间内非常成功地解释了天体运动，包括行星绕太阳的轨道。而爱因斯坦在广义相对论中则认为，引力并不是一种传统意义上的力，而是由物体的质量对时空造成的曲率所引起的。在这个框架下，物体（如行星、恒星等）的质量会使得它们周围的时空产生弯曲。其他物体（如行星绕恒星的运动）则是在这个弯曲的时空中沿着所谓的"最短路径"或"测地线"移动。这种路径在弯曲的时空中看起来像是曲线，但在广义相对论的观点下，它们实际上是在"直"的路径上运动，这个"直"的概念是在时空曲率中定义的。

1919年，英国天文学家亚瑟·爱丁顿领导的一个科学团队在日全食期间观测到了光线在太阳附近弯曲的现象，这一观测成为广义相对论的首次实验验证。这一发现在全世界引起了巨大轰动，因为它直接证明了爱因斯坦相对论中关于光线弯曲的预言。

爱因斯坦的理论源于极致的反常规思维，这种思维方式使他能够超越当时的科学共识，挑战根深蒂固的物理法则。这种反常规的思考方式证明了在科学探索中挑战既有理论的重要性，展示了创新思维如何推动科学和技术的边界不断扩展。

三

传统思维方式在维持现有系统和秩序方面相当有效，且给人以安全感。IT系统维护人员对此体会最深：只要系统还在正常运转，就不要对其进行创新实验，以避免造成全局性工作瘫痪。更重要的，传统思维与人类谋求安全感的阻力最小原则相符，因此不失为一种很安全的生活智慧，正如老子将"不敢为天下先"作为其三种最宝贵的生存智慧之一一样。然而，传统思维方式最大的害处就是反创新，它往往受限于已有的知识和经验。反常规思维能够帮助我们跳出这些限制，发现新的解决方案和创意。例如，苹果公司的创始人乔布斯就是通过反常规思维，将技术与艺术相结合，从而推动了科技产品的革新。

在个人成长方面，坚持常规思维可能会导致停滞不前。例如，许多职场人士因为过于依赖传统的职业路径和稳定的工作选择，忽略了自我提升和技能更新的重要性。随着行业变革和技术进步，这种固守旧有模式的态度往往导致他们在职业竞争中落后。再如，学生如果仅仅依靠传统的学习方法和书本知识，而不愿意探索新的学习资源和实践机会，会限制他们的思维广度和创新能力的发展。反常规思维鼓励我们不断质疑现有认知，寻求新的学习和成长机会。比如，在心理学领域，许多突破性的理论（如弗洛伊德的潜意识理论）都是源于对传统认知的挑战。而在当前人工智能高速发展，并将快速替代人类大部分工作的前景下，能够快速适应新情况的能力更加重要。反常规思维有助于我们在这个不断变化的环境中，发现创新的途径和方法，不仅能适应变化，更能在变化中找到新的机遇和可能性。

四

反常规思维是向内生长的关键入世原则之一，不仅鼓励个人的创新与成长，还鼓励我们挑战现有的规则和假设，不畏惧被贴上"异端"的标签，同时激发我们沿着未被充分探索的道路前行，在个人和职业生活中发现更多的机会，适应并引领变化。

第三节　合作原则

一

在1860年当选为美国第16任总统后，林肯面临的首要挑战是如何处理越来越激烈的关于奴隶制的争论，以及南北分裂的危机。这一时期，美国的政治舞台上分歧巨大，对立激烈。林肯在组建内阁时，作出了一个非常规但又显示了高度智慧的决定：他邀请了几位政治对手加入他的内阁，包括威廉·H·西沃德、爱德华·贝茨和萨蒙·切斯等人。

这些人与林肯在之前的总统竞选中分属对立阵营，他们在许多关键问题上持有截然不同的观点。然而，林肯认识到，只有将这些有能力的，但观点不同的人纳入决策过程，才能更全面地理解和解决国家面临的问题。他的这一决策被后人称为"团队的竞争"。

在林肯的领导下，这个多元化的内阁发挥了重要作用。他们不仅提供了不同的观点，而且在许多关键时刻提出了宝贵的建议。例如，西沃德作为国务卿,在对外政策方面为林肯提供了重要的指导,帮助美国在内战期间保持了与主要欧洲国家的和平关系。这一点对于美国内战的最终胜利至关重要。

尽管内阁成员间的观点差异导致了激烈的辩论,但林肯总是鼓励开放的讨论,并努力从中找到共识。他的这种做法不仅体现了对合作原则的坚持,也展示了他以团结和调和的姿态解决分歧,推动国家向前发展的领导才能。

林肯的这种合作和包容的领导方式,不仅在当时帮助美国度过了分裂和战争的危机,也为后世留下了宝贵的政治智慧和领导艺术的典范,展现了合作原则在实现国家统一、社会进步和个人成长方面的巨大价值。

二

合作原则,简而言之,是指在追求共同目标的过程中,个体或团体之间相互协作、共同努力的行为准则。合作不仅仅是一种外在的行动模式,从更深层次理解,它是一种对内在价值观和态度的体现。在向内生长的视角下,合作原则旨在促进个体在社会生活过程中发展情商,在道德上追求群体最佳生存,还敦促个体不仅认识到自己与他人之间的相互依存和共生关系,而且在实践中体现出对这种相互依存的重视、尊重和利用。

合作原则要求个体在面对共同的任务或目标时,能够放下个人的利益或者观点差异,寻求与他人的合作。这种行为方式需要个体具备开放性、尊重他人、自我反思和情商等内在品质。

例如,在医学研究领域,诸如辉瑞和拜恩泰科(BioNTech)这样的公司,在研发新冠肺炎疫苗时,必须展现出跨学科合作的能力,科学家们来自不同的专业背景,他们相互沟通和协作,从而加快了疫苗的研发进程。

在商业领域,苹果公司在设计产品时,需要考虑和融合不同市场的需求和偏好。其设计团队成员来自全球各地,要求团队成员展示出高度的文化敏感性和适应性。

在中国，阿里巴巴集团在推动其环保和可持续发展项目时，汇集了来自不同地区和领域的专家，他们共同致力于开发适应中国特色的智慧城市解决方案。面对地方利益的差异，团队成员通过共同的努力，确保了方案既符合环保标准，又能满足不同地区的实际需求。

在这些案例中，一个团队成员在团队讨论中，不仅要提出自己的想法，还要倾听和理解其他成员的观点，这需要他具备良好的沟通能力和同理心。

三

合作原则在促进个人向内生长方面具有重要作用。首先，它要求个体学会倾听和理解他人的观点，这不仅是一种社交技能，更是一种认知能力的提升。

在西方，美国前总统比尔·克林顿以其卓越的沟通能力和同理心著称。克林顿在政治生涯中展现了非凡的倾听能力。无论是在公共政策讨论中，还是在与他人的互动中，他都能深刻理解他人的观点和需求。他的这种能力帮助他建立起跨党派的合作关系，有效地推动了多项重要的政策和立法。

通过与不同背景和观点的人合作，个体可以扩展自己的视野，增强对复杂问题的理解和处理能力。

合作原则还有助于个体情感智力的发展。在合作中，个体需要管理自己的情绪反应，学会在压力或冲突中保持冷静和专注。

印度的独立运动领袖马哈特玛·甘地在面对英国殖民统治的极端压力和挑战时，始终保持了非暴力和平的原则。甘地在面对暴力和不公正时展现出极大的自我控制能力和内在平静，他的这种冷静态度不仅激励了千万印度人民，也是他成功领导独立运动的关键。

美国民权运动领袖马丁·路德·金，在种族歧视和暴力的压力下，他始终坚持和平抗争的策略，展现出非凡的情绪控制能力。即使在最激烈的对抗中，他也能保持理性和平静，有效地引领了民权运动的方向。这种情绪智力的提高不仅有助于合作关系的维护，也是个人内在成长的重要部分。

合作原则还有利于促进个体的道德发展。它让个体认识到，超越自我利益，为共同的目标或更大的利益付出，是一种高尚的行为。这种道德觉悟是向内生长的重要组成部分。

特蕾莎修女在她的一生中，致力于为加尔各答的贫穷和疾病中的人们服务。她放弃了个人的舒适和利益，全心投入帮助那些最需要关怀和援助的人们，展现了超越自我，致力于更高利益的道德高度。

纳尔逊·曼德拉为结束南非的种族隔离制度奋斗了一生。在长达27年的监禁中，他始终坚持和平和谈判的途径，以实现国家的团结与和解，而不是报复或个人利益。曼德拉的这种精神不仅是对合作原则的实践，也是对个人道德发展的极致体现。

四

合作原则是向内生长个人原则向社会生活的延伸和扩展。对这一原则的积极实践能够极大促进个人的情商发展，并为其世界观的成熟和完善铺平道路。

从心理学和神经科学的视角来看，合作原则的实践与个体大脑中社交脑区的发展和成熟密切相关。这些脑区的活跃与我们如何与他人互动、理解他人情绪和动机有关。通过实践合作，我们不仅在社交层面上获得成长，也在生物学上促进了我们大脑的发展和成熟。因此合作原则是个体发展社会生活内在能力的重要原则，它使个人在社会互动中得以持续成长和发展。

第四节　失败接纳与迭代

一

在19世纪末美国新泽西州门洛帕克的一个小工作室里，托马斯·爱迪生正致力于一个看似不可能的任务——创造一种能长时间持续发光的电灯泡。要完成这个任务并非易事，爱迪生和他的团队面临着一个又一个的挑战。

最初，他们实验了各种材料作为灯丝，包括棉花和亚麻线。但这些材料要么燃烧得太快，要么根本无法点亮。每次实验失败，爱迪生都不得不回到起点，重新思考。他的工作室堆满了无数失败实验的残骸，但他从不气馁。

随后，爱迪生转向使用金属丝。他尝试了铂和锌等材料，但这些金属丝在电流通过时很快就断裂了。每一次失败，爱迪生都仔细记录下实验条件和结果，寻找导致失败的原因。他相信，每一次失败都是向成功迈进的一步。

终于，他的团队尝试了碳化的竹丝。在无数次的实验和改进后，他们发现这种材料不仅能承受高温，而且能持续发光超过1200小时。这一发现是在经历了上千次的失败之后才实现的。

在那超过一年的时间里，托马斯·爱迪生及其团队在发明电灯泡的征程中，恰恰体现了"失败接纳与迭代"的行为原则。这一行事准则源远流长，其根基可追溯到人类远古祖先的时代。而在工业革命后，它更是得到了极大地推广和发展，成了无数企业家和实验室的灵感源泉，以及创新和管理的核心理念。

二

失败接纳与迭代，本质上是一种对失败的积极态度和对成功的持续追求。

失败接纳，指的是在面对失败时能够坦然接受结果，并从中寻找学习的机会。这种接纳不是被动的妥协，而是一种积极的心态调整。它要求我们看到失败背后的价值，理解失败是通往成功不可或缺的一部分。这种心态对于个人的心理健康和持续的职业发展至关重要。

J.K. 罗琳在写作《哈利·波特》系列小说时，最初的稿件被12家出版社拒绝。然而，她没有放弃，继续寻找出版机会，最终这一系列小说成为全球畅销书，改变了她的命运。

苹果公司的创始人史蒂夫·乔布斯在1985年被自己创办的公司赶出门，但他并没有因此放弃。在离开苹果公司期间，乔布斯创办了NeXT和皮克斯，后者大获成功。这些经历为他日后重返苹果并带领公司走向更大成功奠定了基础。

三

什么是迭代？就是在失败后不断调整和改进的过程。它是一个循环往复的过程，每一次迭代都是对前一次经验的反思和优化。在商业和科技领域，迭代意味着产品或服务不断地优化更新，以应对市场的变化和消费者的需求。在个人层面，迭代则是对自身能力和策略的不断调整，以更好地适应环境和挑战。

谷歌搜索引擎的成功在很大程度上依赖于不断的迭代。早期版本的谷歌搜索经常遭遇各种问题和挑战，比如相关性不高、搜索速度慢等。但通过不断的数据分析和算法优化，谷歌逐步改进了其搜索引擎，使之成为世界上最受欢迎和最高效的搜索工具之一。

抖音的发展历程充满了迭代。从最初的15秒视频分享，到引入各种编辑和滤镜功能，再到增加长视频支持，每次软件更新都是一次大的迭代，每一次大迭代又都包含了工程师们编写的无数行程序的小迭代。抖音不断根据用户反馈和市场趋势调整其功能。这些迭代帮助抖音保持了在激烈的社交媒体市场中的竞争力和创新性。

精益生产中的"改善"是一种以迭代为基础的核心理念。它强调在生产过程中不断寻找改进的机会。丰田生产系统就是一个典型例子，通过持续的小步改进（Kaizen），丰田能够持续提高生产效率，减少浪费，提高产品质量。这种持续的改进和迭代过程是精益生产理念的核心部分。

四

失败接纳是迭代的起点，它们共同构成了一个动态的进步过程。在这一过程中，每一次的失败并非真正的终结，而是一种不太完美，有时甚至显得很难看的小步前进。正是这些小步，使得个人或组织能够通过不断地学习、策略调整和实践改进，不断实现更高的成就。

在向内生长的过程中，失败接纳和迭代的原则的存在，是为鼓励我们从每一次的尝试中，培养出一种正确的创新观和更接近真理的世界观。这一原则不仅是取得成就的方法论，更是我们维持内心平衡的强大动力，帮助我们克服对失败的恐惧和完美主义带来的心理障碍，让我们学会不将失败和成功看作终点，而是视它们为不断迭代循环中的一系列重要步骤。如此，每一次的失败和成功，都成为我们不断进步之路上的一个脚印。

第五节　慢速和当下

一

在1503年的佛罗伦萨，列奥纳多·达·芬奇的工作室里，空气中弥漫着油彩和松节油的混合气息。这位艺术大师正专注地描绘着他的模特——丽莎·盖拉尔迪尼，一位商人的妻子，她那平静而神秘的微笑仿佛隐藏着千言万语。在这四年的创作中，达·芬奇在画布落下的每一笔都充满了尊重和耐心。他不是在匆忙地完成一个任务，而是在与模特的每一个眼神、每一丝微笑进行对话。他的画笔轻轻滑过画布，细致地捕捉丽莎眼中那闪烁的光芒，仿佛在尝试揭开她内心的神秘面纱。

在创作《蒙娜丽莎》的过程中，达·芬奇展现了对自然光影的深刻理解。他会在不同时间观察自然光如何照射在丽莎的脸上，然后回到工作室中，将这些瞬间定格在画布上。他的工作室里常常静悄悄的，只有画笔在画布上沙沙的声音和窗外偶尔传来的马车声。在这样的环境中，达·芬奇仿佛与外界隔绝，全心投入艺术创作。他的每一次色彩选择和笔触，都是在精心揣摩和体验那一刻的情感与光影。

在《蒙娜丽莎》的创作旅程中，达·芬奇以他的画笔和色彩讲述了一个关于时间和专注的故事。在他的艺术世界里，时间似乎转化成了一位慈祥的指导者，引领着他的创作走向深入和丰富。每一笔触、每一次色彩的选择，都仿佛是与画布上的瞬间进行一次深入的对话。在这样的创作过程中，达·芬奇不仅仅是在画一幅画，他似乎在与整个世界进行心灵的交流。这种创作方式，既是对艺术的深刻理解，也是一种生活态度的体现。

二

慢速和当下是向内生长在社会实践中的核心原则之一，也是一种深刻的生活哲学。在心理学领域，慢速是将心理资源集中在当下的前提，因此同样是正念的基石，因为活动的速度越快，心理资源（如注意力和分析力）消耗就越快，且每一步骤所能使用的心理资源就越少。

慢速原则鼓励我们将复杂的任务分解为更细小的步骤，并辅以"慢"的理念，从而使得我们在面对每一个小步骤时大脑资源不但够用而且有富余，充分发挥大脑意识区的潜能。这种方法不仅让大脑的处理能力得到充分利用，还能留出额外的资源供创造性思维发挥。

在创造性活动中，这种"脑力富余"状态尤为重要。它使人能在不受紧迫任务压迫的情况下自由地思考和探索，从而激发创新和灵感的火花。中国民谚"慢工出巧活"就是这个道理。通过慢速的实践，我们接受了精细处理和小步慢行的理念，这种方式虽然看似缓慢，却能稳健地推动我们向目标前进。

更重要的是，慢速的实践有助于内心的稳定和平静。它为心理健康提供了显著的支持，帮助人们在日常生活的纷扰中保持笃定和专注。同时，这种方式也为正念的实施创造了有利条件。

正念本质上是一种需要大量大脑资源的创造性过程，它要求我们在处理日常事务的同时，还有额外的精力专注于当下的体验。

在人类的心理动力学中，自制力是一种宝贵但有限的大脑资源。一旦耗尽，我们将难以控制自己的思维和行为。而慢速的实践，就是在有意识地保护这一资源，避免其过度消耗。欲速则不达，正如中国哲学家老子所言的"少则得，多则惑""图难于其易，为大于其细"和"企者不立，跨者不行"等真知，正是对慢速与当下实践哲学的深刻体现。

三

冥想和正念，在实践方法上就是运用慢速原则专注于当下。在这一过程中，我们不仅仅是在学习放慢身体的动作，更重要的是学会放慢我们的心理步伐，专注于当下的每一刻。

冥想的实践，要求我们将所有的注意力集中在呼吸、身体感受或者一种单纯的存在感上。这种专注建立在缓慢不急的基础上，以便观察到平时被忽略的心理活动，如思绪的流转、情绪的变化，从而增进对自我的理解。

在冥想的过程中，我们逐渐学会接受当下的每一刻，无论是愉悦还是不适。这种接受，不是被动的忍受，而是一种积极的觉察和体验。当我们在冥想中逐步放慢思维的速度后，开始体验到一种深刻的平静和清晰。这种平静并非外界环境带来的，而是源自内心深处对当下完全的接纳和体验。

正念的练习，同样基于慢速原则，要求我们在日常生活的每一个瞬间都保持清醒和觉察。无论是吃饭、散步还是倾听，正念都要求我们用全神贯注的态度去体验这些活动，感受每一个动作、每一次呼吸、每一种感觉。中国古代流传最广的修炼箴言，就是"行住坐卧，不离这个"。"这个"就是正念中专注的体内状况。这一过程中如果不应用慢速原则，则正念就不存在。正念的实践，使我们开始真正地活在每一个瞬间，而不是让生命在匆忙和分心中溜走。

四

　　慢速和当下原则，是一切研究性、创造性和学习性活动的最佳行动原则。

　　例如，在稻盛和夫的领导下，京瓷公司在开发非结晶质硅硒鼓的过程中展示了极致的专注和细致。这项创新技术的成功依赖于在铝筒表面均匀且精确地涂上一层硅薄膜，任何细微的不平整或厚度上的误差都可能导致整个项目的失败。在长达3年的艰苦研究过程中，每一次的尝试都是对材料、工艺和环境因素的细致观察和调整。稻盛和夫本人更是亲自参与实验的每一个细节中，确保每一步都达到完美的标准。特别是在遇到技术瓶颈时，稻盛和夫并没有选择放弃，而是重新审视整个过程，寻找可能被忽略的微小细节。他激励团队成员对每一个实验现象保持敏锐的觉察，无论何时发生何种现象，都不放过任何可能隐藏的线索。即使在夜间巡查中发现研究人员的精力不集中，他也立即采取措施，调整团队组成，以确保每一位成员都能全神贯注于这项研究。这种对工作和产品的深刻执着，以及在现场持续而深入的观察，正是京瓷成功开发非结晶质硅硒鼓并最终实现批量生产的关键。

　　再如作家这一职业，法国作家古斯塔夫·福楼拜展示了极为慢速和专注的创作过程。在创作他的杰作《包法利夫人》时，他曾经为了追求完美，反复修改同一段话，甚至有时一整天只写一两个句子。他的每一个情节发展、每一个角色的塑造都是经过深思熟虑、仔细打磨、改了再改的。

　　中国武术的学习，本质上是一种长期持续且深入的修炼，正因此，才被称为"功夫"。这种训练要求学者对每一个动作进行长时间反复的练习，以确保动作的精准性，并促进内在力量的培养和提升。尤其是太极拳及其他内家拳种，都是通过慢速练习结合正念实践的典范。在这些拳种的修炼中，任何加速都可能导致"内功"（即正念）的精髓——如虚领顶劲、气沉丹田等心法——无法得到有效体验。因此，保持练习的缓慢节奏，对于实现正念以及深入理解和掌握武术技巧至关重要。

五

在不同的领域和实践中，慢速和当下原则都展示了它们不可或缺的重要性。慢速是达成当下的起点和过程，它要求对活动进行分解并专注于更小细节步骤，这本质上是对信息的放大，从而为任何创造性活动打下心理资源的基础。

老子说："见小曰明，守柔曰常。"慢速和当下原则是向内生长的关键之一，不仅是一种技巧或策略，而且是通向深刻理解、创造力激发和内心平静的桥梁。

第六节　入世精进

一

在公元前6世纪的古印度，修行者追求精神升华的途径主要是通过苦行和遁世冥想。在这样的背景下，一位出身于释迦族的年轻王子，名为乔达摩·悉达多，也就是后来的释迦牟尼，开始了他的探索。经过长达六年的艰苦修行，他最终在菩提伽耶的一棵菩提树下，深入冥思，领悟到了生命的真谛，成了"佛陀"，意即"觉者"。

这一转变不仅成为释迦牟尼生命中的重要节点，更是他对精神修行理念的深刻认识。他明白，虽然遁世冥想能够带来内心的平静，但真正的精进不应只在孤独的修行中寻找。如果内在的成长不能经受社会现实的考验，其价值便大打折扣。在他看来，社会生活不仅是人生真正的舞台，更是理解和体验人生意义的必经之路。因此，他选择"入世"，将自己的精神实践融入日常生活和社会互动。

释迦牟尼开始走进村庄，穿越城市，与不同身份的人们交流，从国王到乞丐，从学者到目不识丁的百姓。在这些交往中，他不仅传播了自己的教义，更重要的是，通过与人类的痛苦与欢乐的直接接触，他的洞察力和智慧得以进一步丰富。

在王舍城，佛陀曾与那里的统治者频繁交流，讨论治国之道和精神实践的关系。在舍卫城，他则与年轻的富商频繁对话，探讨财富、道德和精神生活的平衡。在这些日常的互动中，佛陀展现了一种特殊的智慧：将深奥的道理用简单的比喻和故事传达给普通人，使他们能够在日常生活中实践这些教义。

佛陀的这一转变，不仅是对自身修行的深化，更是对整个修行观念的革新。他用自己的行动证明了，精神的觉醒和提升不仅存在于深山老林的静坐中，更体现在对社会的参与和实践中。人生的真正意义，正是在与他人的互动和相互影响中体现出来的。

二

入世精进原则源于佛陀的教诲和许多先贤的实践。

中国的伟大思想家和教育家孔子，也是一个典型的入世精进人物。他不仅在思想上追求道德和仁爱的完善，更是将这些原则应用于日常生活和社会治理中。孔子的教导并不局限于学术讲堂，而是深入社会的各个层面。他在巡游各国的过程中，积极参与政治咨询，提出治国理政的建议，尽管这些建议并不总是被采纳。在日常生活中，孔子通过教育弟子，传授礼仪、音乐、射箭、驾车等技艺，强调君子应具备全面的知识和技能。孔子的这种生活方式和教学方法，不仅是对自我提升的追求，更是一种深入日常生活与社会互动并从中汲取智慧的修行方式，一种在社会参与和日常实践中寻找精神成长和道德提升的途径。

入世精进强调的是一种积极参与社会生活的态度。这种态度让修行者不再局限于个人的内在世界,而是将视野扩展到更广阔的社会环境中。

中国孟子的名言"穷则独善其身,达则兼善天下",也生动地描绘了"入世精进"理念,表达了个人修行与社会责任的关系:当个人处于困境时,首要任务是保持自己的道德纯洁,但一旦有了更大的能力和资源,就应该努力帮助并改善整个社会的福祉。这不仅是一种对个人精神追求的深化,也是对社会责任的承担,要求在个人修行的基础上积极参与社会改善,致力于促进社会和谐,实现个人与社会的共同进步。

三

入世精进意味着在面对日常生活的挑战和困境时,能够运用内在修行的成果来解决问题。这不仅是对个人内在成长成果的检验,更是对社会责任的承担。通过与不同的人交往,修行者能够在多样化的人生经验中找到成长的机会,这种成长远比单纯的内省或冥想更为全面和深入。

16世纪的英国思想家和社会改革家托马斯·莫尔是《乌托邦》一书的作者,他在个人生活中同样实践了自己的哲学思想,如在担任亨利八世的顾问时,积极推动了许多社会和法律改革以减少贫困和不公。

20世纪的美国民权运动领袖马丁·路德·金博士,他不仅是一位牧师,更是一位社会活动家,将自己的宗教信仰融入对平等和正义的追求中。金博士通过和平抗议和演讲,积极致力于结束种族隔离和种族歧视,推动了美国民权法的制定。他的著名演讲《我有一个梦》影响了无数人,成为民权运动的象征。

四

入世精进是一种全面的生活方式,它要求修行者在社会生活中实践精神觉悟,也在这个过程中不断地深化和丰富自己的内在世界。这种生活方式提倡的是一种基于慈悲、智慧和共融的生活态度,使个人得到精神上的提升,更使社会整体在最佳生存上受益。

下篇
向内生长的个人实践

第六章　自觉地向内生长

正如本能三原则和最佳生存原则所揭示的那样，人类行为原则的核心作用，在于指导和影响其行为决策。在向内生长的领域中，个人原则引领我们进行一系列专门且有针对性的活动，例如冥想和正念练习。这些活动的目的在于促进人的潜意识本我在特定技能、知识、习惯和素养等方面的显著提升。通过这种深层次的内在成长，个体能够实现更高水平的自我实现和全面发展。

第一节　冥想

一

清晨，阳光透过轻纱窗帘，洒在安静的房间里。一个男士坐在地垫上，双腿盘坐，双手放在膝盖上。他闭上眼睛，深深地吸了一口气，慢慢呼出。这是基础冥想的场景：呼吸与心灵的对话，心灵与宇宙的和谐。

画面转换，我们来到了一片宁静的森林。一个人在树荫下轻轻行走，脚下的树叶沙沙作响。每一步都显得如此从容，每一次脚掌接触地面，都仿佛与大地有了更深的连接。这是动态冥想的写照：行走中的冥想，是对自然美好的领悟和体验。

场景再次变换，此时我们置身于一间安静的图书馆。一位冥想者坐在窗边，目光聚焦在一朵正在开放的花上。他的呼吸缓慢而平静，全神贯注地观察花瓣的每一个细节，从中感受生命的奥秘。这是视觉冥想的体现：通过专注一个物体，达到心灵的平静和专注。

接着，画面带我们回到了城市的一处屋顶花园。夕阳西下，城市的喧嚣渐渐远去。在这片小小的绿洲中，一个人坐在地上，两手合十，面向天空，仿佛在与更高的力量对话。这是精神冥想的场景：在都市的喧闹中寻找一片内心的宁静，与更高的自我对话。

这些场景交织在一起，就像是一部生活中的蒙太奇电影，展现了冥想在不同环境和形式下的美妙与和谐。

二

冥想是一种用于提升个体的注意力、集中力、自我觉察能力以及心理健康水平的向内生长活动，是觉察原则的极致实践。跨越不同的文化与宗教传统，冥想以其多样化的形式和实践方法而闻名。

在其核心机理上，冥想巧妙地利用了潜意识与意识处理信息时各自不同的独特机制，通过引导精神聚焦于单纯对意识脑区来说属于非"适宜刺激"的感觉和知觉，降低了人的意识脑区——"自我"——的优势地位，进而让潜意识获得更为显著的优势。极端情况下，当潜意识脑区占据较大优势成为优势脑区，而意识脑区只有较少兴奋成为劣势脑区时，"禅"的状态就出现了，一种超然忘我体验丰富的状态。进而，当更深层的自我催眠状态出现时，即可视为佛家的"入定"状态，一种物我两忘，但感觉与自然和宇宙融为一体的状态。因此，通过冥想这种细腻而高效的内在探索，能够构建连接自我与更深层次潜意识的桥梁。

三

冥想，这种植根于心理学原理的实践，可以在日常生活的任何时刻进行。选择一个相对安静的环境，你可以通过集中精神在一个简单的感觉上实现冥想，例如，关注身体内部的感受或简单的动作。在这个过程中，关键是减少耳朵、眼睛和口的信息处理负担，即不听、不看、不说。当你持续保持这种状态，逐渐将自己由浅入深引导入自我催眠状态时，便步入了冥想的世界。在这个过程中，你的意识将逐渐淡出，让你更深入地与内在自我连接，体验一种超越日常的心灵平静。

四

基于冥想的心理学原理，世界各地的文化传统中孕育出了各种独特的冥想方式。这些方法数量之多，数不胜数，以下几个方法是比较有名的：

止观冥想法。起源自佛教，特别是南传佛教。其具体实施方式是，修习者在安静无人处保持静坐，将注意力集中在呼吸上，观察身体的各种感觉，意在洞察万物的本质。

道教内丹法。起源于老子的《道德经》，后被东汉魏伯阳在他的著作、被后人誉为"万古丹经王"的《周易参同契》里的"关键三宝章"中进行了详细讲解。具体方法是：修习者独处安静空房之中，放松身体，闭眼、闭口，将注意力沉入身体内部，摒除杂念，像人潜入深渊之中，浮游上下，时间长后会感受到体内"庶（气）云雨行。淫淫若春泽，液液象解冰。从头流达足，究竟复上升。往来洞无极，怫怫被容中"。

术式冥想法。起源于印度瑜伽的一种深层实践，深植于古印度的哲学和宗教传统。其实施方式结合了身体姿势（体式）、呼吸控制和内在专注，比较复杂，已经类似于对身体姿势实施"正念"了。

坐禅。起源于禅宗佛教，尤其在日本有着深远的影响。其实施方式与佛教止观冥想类似，即坐在禅垫上，脊柱保持挺直，全神贯注于呼吸或一个特定的思维问题，追求心灵的空明。

默想祷告。起源于基督教的祷告和默想传统。其实施方式是通过沉思神的话语、祷告或安静地坐在神的面前，寻求与神的更深联结。

转呼旋，即苏菲派冥想。起源于伊斯兰教的苏菲派传统。其实施方式是通过旋转舞蹈，伴随着音乐和吟唱，达到心灵的醒觉和与神的合一。这其实类似于在旋转舞蹈时实践正念。

太极拳，即太极冥想法。起源于中国武当派传统武术和哲学。其实施方式是通过缓慢、流畅的太极拳动作和呼吸的协调，配合精神专注于动作和呼吸上，实现内在能量的流动和平衡。

以上这些不同的冥想方式，虽然根源和形式各异，但它们共通的方式，都是将精神引导到较为单纯的思维、体感或运动信息上，从而应用催眠原理，引领人们走向内心的平和和更高的自我认知。

五

需要补充的是，本节中多次提及的催眠技术，在现代心理学领域已不再被视为神秘之术。其核心原理在于运用多种手段，如语言引导、示范演示、触觉刺激、冥想练习、正念实践等来降低通常主宰心智的意识脑区的活跃度，同时激活并增强潜意识脑区的活力。这一过程其实是一种向内的生长——探索和强化潜意识，正是我们向内生长与发展的本质所在。

第二节　正念

一

世界羽毛球界"四大天王"之一李宗伟，在比赛时很少说话，这种状态似乎从他进入赛场时就开始了。虽然成千上万的观众在为他欢呼，他却只是默默地走向球场。比赛开始后，李宗伟变得更加专注而冷静。他的眼睛紧紧地盯着来回飞翔的羽毛球，就像一位猎人专注地注视着他的猎物。

在这种高度集中的状态下，周围的喧嚣消失了。观众的欢呼声、对手的表情，甚至是赛场的灯光，都成了背景中模糊不清的一部分。

每当羽毛球向他飞来时，李宗伟的反应宛如精密调校过的机器，迅捷而精准。他腾空跃起的那一刻，极致的专注让他仿佛置身于慢动作之中，这种独特的感觉使他能够根据对手的动态和位置，在瞬息之间做出决策——是猛烈的扣杀、巧妙的平抽、轻柔的挑球，还是击出力道充沛的高远球。他的每一步行动都透露着深思熟虑的意图和精确的控制力，仿佛他已经预判了球的每一个可能轨迹。在这样的高度集中之下，李宗伟的呼吸保持着惊人的平稳与节奏，他的每一次吸气与呼气都与身体的运动完美同步，彰显了他作为顶尖选手的冷静和专注。

这种全神专注于当下的状态，就是正念的真实体现。

二

正念是一种全神贯注于当前时刻的心理状态，不被过去的回忆或未来的预期所干扰。在这种状态下，人们能够更加清晰地觉察到自己的思想、情感和身体感受，以及外部环境。如前所述，娴熟的正念让李宗伟能够在比赛中保持冷静和清醒，即使面对巨大的压力和挑战，也能够作出最佳的反应。

冥想和正念，都是对觉察原则的深刻实践，因此二者之间存在着紧密而不可分割的联系。冥想可以被视为在个人隐秘空间中对正念的一种深化与专业化实践，它是内省和自我探索的过程。相对地，正念则是将冥想的精髓延伸至社会互动与日常生活之中，是一种实用而广泛的应用。或者说：专业训练环境中的正念就是冥想，实际社会生活中的冥想就是正念。若借用健身比喻，冥想宛如健身房里对特定肌群的精确锻炼，专注而有目的；正念则类似于在现实生活中的全面肌肉应用，更为自然和广泛，它在日常动作中培养我们的觉察力和身心协调性。

三

正念被誉为"入世的冥想",这正是因为它能够融入并增强人类参与的各类活动。例如,在面对巨大的工作压力和焦虑时,正念成为一种宝贵的工具。它教会我们如何将注意力集中在当前的瞬间——可以是你此时此刻的呼吸节奏、身体的各种感受,或是手头正在进行的工作,而不是被未来的不确定性或过去的错误所困扰。这种锚定于"当下"的实践,不仅有助于减轻压力和焦虑,还能提升我们对自身需求和能力边界的清晰认识,促进心理健康和工作效率的提升。

同样,在人际交往中,正念显现为一种极其宝贵的技艺。当你致力于真正倾听他人的话语,并且细致观察自己与对方的情绪变化时,这种全然的专注,将帮助你更深层次地理解对方,促进更健康、更富有深度的人际关系。

正念的应用同样可延伸至我们的日常饮食之中。当你将注意力集中在每一口食物的味道、口感以及咀嚼的感受上时,这种深度的专注不仅使你能更加珍惜和享受食物本身的美味,还有助于你更敏锐地感知身体发出的饱腹信号。这种对饮食的细致觉察,不仅有助于控制体重,还能提升整体健康水平,使饮食过程变成一种自我关怀和身体倾听的实践。通过正念饮食,你可以更加和谐地与自己的身体对话,实现营养与满足感的平衡。

正念的一个著名展现形式是日本茶道的精致仪式。在制作抹茶的过程中,茶道将每一个细微的动作——如旋开盖子、取用茶粉、放置茶匙——进行细致地拆解和放大,并以极致的精确度和标准化进行演绎。这种方法使参与者能够完全沉浸在每一个动作的细节之中,全心全意地投入一碗简单的抹茶。茶道通过这些看似平凡的动作,为人们创造了一种超越宗教的、仪式化的体验,让人在日常生活中感受到深刻而独特的精神满足。这种体验展示了正念在提升日常活动中所蕴含的美学和意识层面上的巨大潜力。

四

正念的心理学原理，在于通过集中注意力于自己当前活动的细节来排除干扰。

在心理学的理论框架中，最大的干扰通常并非来自外部环境，而是源于个体内部的杂念和内在对话。

从脑区功能的角度看，干扰主要来自语言脑区和社交脑区。语言脑区往往在无形中向个体私下低语和唠叨，如不断重复的自我质疑或过往经历的回顾；而社交脑区则专注于解读他人的行为、表情和可能的评价，引发对社交互动的过度分析和担忧。这两个脑区的过度活跃与互相竞争，剥夺了真正执行任务的脑区的资源和优势。这种内在的分心和焦虑，会导致运动员在重大比赛中失去常态，或使演讲者在台上遭遇心智空白。正念通过对当下活动细节的深度专注，有效地将脑内资源重新分配，优先供应到执行任务的关键脑区，如运动脑区。同时，这种专注降低了语言和社交脑区的活跃程度。在理想状态下，这种专注带来的是类似于失去语言能力时的释放感——如禅宗中拈花微笑的深邃体验，以及忽略社交焦虑时的全然忘我——如音乐家闭上眼睛，随着音乐摇头晃脑，完全沉浸在演奏之中。这种感觉反映了任务执行脑区的优势地位，同时也表明了语言和社交脑区的相对退让。这正是正念实践中，通过心智调节达到的一种精神平衡和内在和谐的表现。

第三节　断舍离

一

苹果公司的创始人史蒂夫·乔布斯，不仅在技术创新领域留下了深刻的印迹，他的简约生活方式也同样引人注目。乔布斯的家极其简单，住所中只有最基本的家具，如床、桌子和椅子，甚至连装饰品都极为简约。此外，乔布斯的着装也是他断舍离生活哲学的一个明显标志。他几乎总是穿着同样的黑色高领衫和牛仔裤，这种着装风格，减少了每天早晨选择衣服的时间和精力消耗，使他能够将注意力集中在更为重要的事务上，如苹果公司的产品设计和企业管理。

无独有偶，Facebook 的创始人马克·扎克伯格，作为当代科技界的领军人物，同样因其极简主义生活方式而备受瞩目。扎克伯格最为人所知的特点之一，是他几乎总是身着同样的灰色 T 恤。除了在着装上的简化，扎克伯格在其他生活方面也展现了断舍离的精神。他的公开言论和采访中常常提到，他力求减少生活中一切不必要的复杂性，以便能够更专注于工作和个人成长。

二

断舍离，这个源自日本的概念，与个人向内生长的过程紧密相连。字面上，"断"意味着终止不再需要的物品积累，"舍"指的是摒弃心中不必要的执念，"离"则是指从物质和精神上的依赖中解脱。这一理念是不执原则在实物整理实践中的具体化，其实践涉及生活的各个方面，从简化物质环境开始，延伸至精神和情感层面。通过断绝对不必要物品的累积，人们学会减少物质的负担和执着，这反过来又有助于精神的放松和思维的明晰。舍弃那些心理上的负担，如过去的遗憾、未来的忧虑，使得个人能够更加专注于当下，活在当下。通过摆脱物质和情感的依赖，人们在精神上获得自由，这种自由是向内生长的关键。

三

在佛教传统中，僧侣的生活方式深深植根于简约和不执着的原则。禅房的布置通常非常简单，仅包含最基本且必需的物品，如一张床、一张桌子以及佛像、经书和念珠等一些基本的宗教用品。僧侣的个人物品极为有限，通常仅限于最基本的生活必需品和少量衣物，比如两三件袈裟和日常穿着的僧衣。在某些传统中，僧侣甚至会定期更换或放弃旧衣，以维持简约的生活方式和防止对物质的依赖。

这种对简约生活的追求与断舍离的理念不谋而合。断舍离不仅仅关注物理空间的整理，更强调在心理和精神层面上去除不必要的负担。通过摒弃多余的物质和心理负担，人们可以更专注于个人的精神成长和内在探索，从而达到一种更纯净、更本真的生活状态。

四

从心理学的角度来看，断舍离有助于减少认知负荷，即大脑处理信息的能力。当我们的生活环境和日程安排更加有序时，大脑就不必投入过多精力去管理混乱和无序，从而释放出更多资源来关注更重要的事务，比如个人成长和内在的精进。

五

对于大多数人，尤其是年长者来说，实践断舍离往往是一项充满挑战的任务。这种挑战的核心，与人们在心理上对熟悉事物的依赖密切相关。随着时间的推移，人们会与某些人和物建立起深厚的联系，这些熟悉的人和物成为他们安全感和舒适感的源泉。例如，长期累积的物品和经常联系的亲友，都是人们舒适区的一部分。

在断舍离的过程中，这种对熟悉事物的依恋成了一大障碍。由于与自己的物品和生活方式有了长期的联系，随着时间的推移，他们往往会积累大量物品。这些物品作为他们熟悉的生活组成部分，不仅与他们的身份和回忆紧密相连，而且常常与深刻的情感和记忆关联。放弃这些熟悉的物品，对他们来说意味着离开自己的舒适区，面对未知和不确定性。这不仅是物理空间的整理，更是心理和情感层面的挑战。

六

在佛教文化中，断舍离被赋予了两个优雅的名字："施舍"和"放生"。施舍意味着将个人深爱的物品转交给别人，寻找新的收纳之家，以此来安抚自己对这些物品的留恋。放生则是将自己熟悉的生物，通常是宠物等，安置在新的收养家庭或可生存环境中，同样用以缓解对它们的依恋之情。

施舍和放生不仅是断舍离的雅称，更是这一过程的精神象征。而那些实践断舍离的人们，则被尊称为"施主"，他们通过这一行为展现了对物质世界的淡然态度和对精神成长的追求。

第四节 整理内务

一

在当今世界上，贫民窟这一特殊的社会现象，在不同国家和地区展现出各自独特的面貌。以基贝拉为例，这个位于肯尼亚首都内罗毕的贫民窟，是非洲的大型贫民区之一。这里的居民每天都在与贫困、卫生问题和教育资源的匮乏进行着艰苦斗争。同样，在拉丁美洲的心脏——巴西里约热内卢，罗西尼亚贫民窟虽然位于城市中心，但其居民同样面临着极端贫困和高犯罪率的双重压力。另一个例子是奥兰吉，这个位于巴基斯坦卡拉奇的贫民窟被认为是世界上最大的贫民窟之一，这里人们的日常生活中缺乏最基本的设施和服务。

二

贫民窟的显著特征是它那废墟般的面貌和垃圾场式的生活环境。

生活在极度贫困中的人们，他们的生活环境往往杂乱无章、充斥着垃圾，居住空间也常如垃圾堆般凌乱。

而改善这种生活状况的起点，正是从整理内务开始的。这一理念已被无数人通过自身的奋斗经历所证实。

整理内务的意义，不仅仅在于减少物品数量和增加整洁度，更在于摆脱一种混乱无序的生活状态，使人的身心都进入一个有序、整洁的生活环境。

三

在军队中，整理内务是最基础的向内生长训练。军队通过严格的内务标准来培养士兵的纪律性和服从命令的习惯。例如，整齐的床铺、有序的装备摆放等，都是对士兵细节关注和遵守命令能力的训练，其更重要的方面，是对人们心理的塑造。

从心理学角度来看，内在的秩序和外在环境的整洁密切相关。一个有序的生活空间能反映并促进内心的平静与有序。当我们整理物理空间时，不仅是在清理杂物，也是在整理思绪，减少焦虑和压力，因为一个整洁的环境能减少注意力的分散和心理负担。在军队中，士兵面临着极大的心理压力和挑战。整理内务不仅能培养士兵的自我管理能力，还能通过控制自己的生活环境来增强对压力的控制感，从而有助于提高士兵的心理韧性和应对压力的能力。

心理学将身体的整理视为内务整理的一种延伸，并认为这种做法对于心理健康具有显著的治愈效果。例如，男性日常的洗澡、剃须、润肤等行为不仅是身体清洁的基本需求，更是一种心理上的自我照顾和放松。对于女性而言，化妆和卸妆的过程不仅仅是美容的行为，更是一种通过身体整理来达到内心平衡和自我抚慰的方法。它们显现了一种深层的心理治愈作用。

身心健康的人往往会有意识地安排时间来整理自己的外表，这包括整理仪容、化妆等活动。这些习惯不仅提升了个人的外在形象，更重要的是反映了一种内在的自我关爱和积极生活的态度。

对于运动员来说，赛后进行身体恢复的活动，如拉伸、冷热交替浴、按摩等，至关重要。这些活动帮助身体从高强度的运动状态中恢复，促进肌肉放松和血液循环，也是对身体进行"内务整理"的一种形式。许多运动员将健身房中的重训和拉伸活动视为一种"休息"，但实际上，这些活动是在进行一种身体上的内务整理，帮助身体恢复和重建。

四

整理内务可以视为对自我和生活的反思和审视。正如古希腊哲学家苏格拉底所说："未经审视的生活不值得过。"当我们整理家中的书架，选择哪些书籍保留、哪些书籍捐赠或丢弃时，其实在反思自己的知识兴趣和学习路径。同样，在整理衣物时，我们不仅是在处理物理的物品，更是在对自己的生活方式、价值观和需求进行反思。选择哪些衣物保留、哪些衣物捐赠或淘汰，不仅基于款式或尺寸，而且反映了我们的审美偏好、生活习惯甚至是职业需求的变化。这种反思有助于我们认清自己的内在需求，从而更好地控制和管理自己的生活。一个人在整理厨房时，可能意识到自己偏好简单快速的烹饪方式，从而决定淘汰一些复杂的厨房工具，这不仅简化了日常生活，也反映了对时间和效率的重视。

五

从管理学的视角来看，整理内务实际上是一种自我管理的体现。有效的自我管理不仅关乎职业生涯或任务完成，它还包括对个人生活空间和时间的管理。在军事行动管理中，快速和高效的响应是成功的关键。一个有序的环境能够确保装备和物资的快速获取，减少不必要的时间浪费。良好的物资管理还有助于维持装备的最佳状态，这对于保障作战效能至关重要。

许多日本企业家认为，个人的内务整理，其实是专业的企业管理向个人生活的延伸。5S是一种起源于日本的管理哲学，在制造业中被广泛应用。它包括五个日语词汇：整理（Seiri）、整顿（Seiton）、清扫（Seiso）、清洁（Seiketsu）、素养（Shitsuke）。这些原则旨在创建一个有组织、高效、无浪费的工作环境。这其中，整理（Seiri）意味着去除工作区域内不必要的物品，只保留必需品。整顿（Seiton）则代表有序组织和排列工具和设备，确保每样东西都有其固定位置。清扫（Seiso）用于确保定期清洁工作区，保持环境的清洁。清洁（Seiketsu）的内容是维持前三S的标准，确保工作区域始终保持整洁。素养（Shitsuke）则直指向内生长，培养维持秩序的习惯和纪律。

这些原则与断舍离的理念相呼应，都强调了去除多余的、不必要的元素，以及维持秩序和清洁的重要性。在日本的精益管理车间，通过实施5S，工作区域变得更加高效，员工能够更专注于他们的工作，减少时间浪费和生产错误。这种管理方法的成功，在于它不仅优化了物理空间，还影响了员工的心态和工作习惯。通过培养整洁和有序的环境，员工们发展出了更好的组织和规划能力，也在心理层面上感受到了更大的掌控感和清晰度。

六

整理内务不仅是对物理环境的整顿，更是一种深层次的自我反思和内心世界的整理。它对于提升个人效率、秩序感和心理健康极其重要。正如美国作家和讲师史蒂芬·柯维所说："我不是产品环境的结果，我是我选择的结果。"整理内务就是一种选择，一种积极主动地改善自己生活和心态的选择。

第五节　反思与内省

一

在罗马帝国的辉煌年代，有一位名为马库斯·奥勒留的皇帝，他不仅是一位卓越的统治者，也是一位深沉的哲学思想家。他的一生，就是一部活生生的"反思与内省"的传奇。

公元170年，奥勒留面临着帝国历史上的一大挑战——马尔科曼尼战争。在这场旷日持久的战争中，奥勒留不仅要应对外敌的侵袭，还要处理国内的饥荒和瘟疫。正是在这样艰难的环境下，他展现了他的内省能力。

每当夜幕降临，战火稍歇，奥勒留都会拿起羊皮纸和笔，沉浸在自己的思考中。他的帐篷变成了一个静谧的思考空间，在那里，他记录下了自己的恐惧、希望、责任感以及对生命的深刻感悟。这些文字后来汇编成了《沉思录》，成为后世研究斯多葛哲学和内省艺术的珍贵资料。

在这些文字中，我们可以看到一个皇帝是如何在混乱与苦难中寻找心灵的平静。他反复强调"接受现实，但不被现实所束缚"的重要性，提醒自己即使在最困难的时刻，也要保持理性和自我控制。他认为，真正的力量来自内心的平和与智慧，而非外在的权力和地位。

奥勒留的这段历史，不仅展现了一个皇帝的智慧和勇气，更是对我们所有人的启示：在生活的风暴中，通过反思与内省，我们可以找到内心的安宁和方向。而这，正是《沉思录》所传递的永恒信息。

二

反思与内省，这两个词汇虽然经常被交替使用，但它们各自承载着独特而深刻的意义。

反思是一种心智活动，涉及对过去经历的回顾和思考。当我们反思时，我们在心中重温过去的事件、对话甚至思想和情感，以此来提取智慧和教训。这是一种将个人经验转化为深刻见解的过程。

例如，一位教师可能会在课后反思，分析哪些教学方法有效，哪些需要改进。同样地，我们可以看到历史上的伟人，如约翰·洛克，他在哲学和政治理论上的成就，部分源自他对自己早年政治观念的反思和修正。洛克通过对自己思想的不断反思，最终形成了影响深远的自由主义理念。

让-雅克·卢梭在《忏悔录》中进行了深刻的自我反思，探索了自己的情感和动机。卢梭通过回顾自己的生活，不仅呈现了个人的心路历程，也提供了对18世纪社会风俗和思想的深入洞察。

内省，是一个更加深入的过程。它是对内心世界的探索和解读，涉及对自己的情感、动机、信念和价值观的审视。内省不仅仅是思考，更是一种自我对话，一种深入内心深处的探险。通过内省，我们能够更好地理解自己的行为和反应，洞察隐藏在表象之下的真实自我。

比如，一位作家在面对创作障碍时，可能会通过内省来寻找创作灵感的源泉，或理解阻碍创作的内在恐惧。同样，古代中国的哲学家老子，在其经典著作《道德经》中，展示了对内心和自然界深刻的内省。老子通过内省，探究了"道"的本质，以及如何通过顺应自然的方式来达到生活的和谐与平衡。

明代的政治家和文学家王阳明，他的心学哲学深受内省的影响。王阳明通过反复地内省自己的思想和行为，提出了"知行合一"的理念，强调真知来源于对内心深处的洞察与实践的结合。

在西方，弗吉尼亚·伍尔芙，以其深刻的自我探索和对女性经验的内省在文学上取得了巨大成就。她的作品，如《到灯塔去》，通过意识流技巧，展示了对人物内心世界的深刻洞察。而现代心理学家卡尔·荣格，通过对梦境和无意识的内省，开拓了分析心理学的新领域，强调了个人潜意识中的象征和原型在个人发展中的重要性。通过这些不同领域的人物，可以看到内省如何成为理解自我、提升自我认知的强大工具。

三

理解反思与内省的区别，便是洞察它们各自的独特价值。若将个人比喻为一台轿车，那么这车内的司机便是其灵魂所在。司机技术的提升，象征着这台车的"向内生长"。在这个比喻中,反思就像是司机回放并分析行车记录仪中的历史视频内容,从中总结经验教训,挖掘改进的空间。而内省,则是深入探讨车辆的内部性能、驾驶体验、操作细节,以及司机在驾驶过程中的心理动态。这种对内部机制和心理状态的分析,能够促进司机的技术精进。

反思与内省的结合,形成了一个全面的自我提升和个人成长的架构。在这个架构中,反思是面向外部行为历史的,而内省则面向普遍的内在心理过程,包括历史的和现在的,外部的经验与内心的理解相互辉映,共同推动着向内生长的进程。

四

在实践中,反思和内省可以通过多种方式进行。这些方法可以归为两类:反思类和内省类。

反思类的方法包括写日记、回顾会议或事件、分析过去的决策、撰写回忆录、进行 SWOT 分析、同侪反馈,甚至撰写微信或微博文章等。这些方式让我们能够系统地回顾和分析过去的经历,从而提取教训和见解。例如,通过写日记,我们可以记录和思考日常的事件和感受;对自己进行 SWOT 分析,可以找到自己的优点、缺点、机会、威胁;展开同侪反馈,请教身边的朋友或家人,看看他们如何评价自己的特质或决策;撰写回忆录则允许我们更全面地反思整个生命历程中的重要时刻。

内省类的方法则包括冥想、正念、心理咨询、深入的自我对话、写作及艺术创作。这些方法帮助我们探索内心世界和深层次的自我意识。例如,内省可以在冥想和正念中自然发生,其过程可以引导我们进入内心深处,而心理咨询提供了通过外界辅助内省的机制,即与专业人士探讨内心问题的机会,而通过写作或艺术创作,我们可以表达和探索自己的内在情感和想法。

重要的是，要找到适合自己的方式，让反思和内省过程成为一种习惯和生活的一部分。无论是通过反思还是内省，持续的练习都能帮助我们更好地理解自己，更明智地应对生活的挑战，促进向内生长。

第六节　戒律的实施

一

我们在第四章中，已经知道了向内生长中的戒律原则，这一节我们讨论如何在日常生活中实施具体的戒律。在讨论之前，我们不妨先简单回顾一下世界各大宗教中戒律的实际情况，以便对戒律有一个感性了解。

大部分人对佛教中的戒律有所耳闻。在细节上，佛教戒律其实分为几个不同的层次，比如具足戒、菩萨戒和五戒，是面向不同个体的。对于出家僧侣，佛教有具足戒（比丘戒和比丘尼戒）。这些戒律详尽地涵盖了僧侣的日常生活，包括行为、言语和思想方面的规范。比丘戒包含了250条规定，比丘尼戒则更多，有384条。菩萨戒，则是为培养菩萨道德和实践菩萨行的修行者所设立的。这些戒律更加强调慈悲和利他的精神，关注如何通过自己的行为利益他人。对于在家居士（普通信徒），佛教推荐的戒律要简单得多，是基本的"五戒"：不杀生、不偷盗、不邪淫、不妄语、不饮酒。

除佛教外，基督教的核心戒律是《圣经》中的"十诫"，涵盖了从尊重上帝到尊重他人的基本原则。

伊斯兰教的信徒遵循五功：信仰见证、每日五次祷告、斋月斋戒、给予天课（慈善），以及朝觐麦加。

犹太教徒遵守《摩西五经》中的613条戒律，这些戒律涵盖了生活的方方面面，旨在指导信徒遵循上帝的意志生活。

从这些宗教戒律中，我们可以看到一个共同点：戒律不仅是宗教仪式的一部分，更是指导日常生活和个人成长的道德准则。

二

作为普通人，我们如何在日常生活中实施戒律呢？

其实对于普通人来说，向内生长的戒律既可以是自我设定的，也可以受到所信仰宗教的影响，例如，佛教和基督教中的基础戒律（不杀生、不妄语等）是具有普遍意义的，可以借鉴。

下面是一些关于如何制定、更新和实施个性化戒律的建议。

首先，要明确你想通过戒律实现的目标，以及这些目标背后的价值观。这些目标可能涉及健康、人际关系、职业成就等方面。例如，"每天早睡早起以提高精力"、"每周至少进行两次社交活动"或"每月读完一本专业书籍"。

其次，基于你的目标和价值观，制定具体且可实践的戒律。例如，如果你的目标是提高健康水平，你可以设定定期锻炼或健康饮食的戒律，"每周至少进行三次有氧运动，每次不少于30分钟"，或者"每天至少吃五份蔬果，减少高糖高脂食物的摄入"。

这里需要注意的是，戒律不仅包括禁止性的规定（即不许做什么），还包括积极性的规定（即要求做什么）。

举例来说，佛教中的禁止性的戒律包括"不杀生""不偷盗""不妄语"，而积极性的戒律则包括"行布施"（慷慨地给予他人）、"发慈心"（对众生怀有慈悲之心）和"修忍辱"（培养耐心和宽容）。

可以看出，禁止性和积极性的戒律通常结合使用，就像两只有力的大手在塑造你的行为，同时塑造你的精神。这就是向内生长的具体场景。

三

制定了戒律之后，怎样更新和调整戒律呢？

首先，当然是定期评估，也就是定期检查你的戒律是否仍然符合你的生活状况和目标。生活是不断变化的，你的戒律也应该是灵活的。例如，一个刚成为父母的人可能需要调整早睡戒律；职业变化可能需要更改学习相关的戒律。

另外一个调整戒律的方法是根据反馈进行调整，也就是根据你在日常生活中的体验和挑战，调整你的戒律。如果某个戒律太难以遵守或不再适用，不妨对其进行修改或替换。例如，如果原定的每日一小时阅读太过困难，可以调整为每天阅读 30 分钟；若发现严格的素食戒律影响了社交，可以选择在特定场合适度放宽；如果早起戒律与工作时间冲突，可以调整为保证充足睡眠。

四

在制定了自己的戒律清单后，怎样实施呢？

这包括三个方面内容，一是每天早晨温习戒律，然后是在一天的生活和工作中实施戒律，最后是每天晚上要对这一天的实施情况进行反思。这样一来，你就获得了一种非常有规律的生活。

每日温习戒律非常重要，因为戒律中包含了你需要践行的真理。而我们在之前的内容中就已经知道，真理是容易忘记的，它对每个人来说都是在灵光乍现的时候想起来，而在其他时候是抛诸脑后的。例如，许多人有"少吃肉"的戒律，但这是一条最容易忘却的戒律。此外，有些人的戒律条款非常多（比如超过 200 条），因此必须每天早晨回顾你的戒律，把它重新放回你的大脑之中，让它们成为你一天的指南。

然后，将戒律融入日常决策是一个关键步骤，也就是要求我们在日常生活的各种选择中考虑自己的戒律。例如，选择食物时，思考其是否符合健康饮食戒律；当决定是否购买新物品时，考虑是否符合减少消费和环保的原则；在安排一天的工作和休息时，思考是否遵循了合理安排时间的戒律；在与人交往时，反思是否能够保持言行一致，符合诚实和尊重他人的戒律。这样的实践在最初一段时间是挺难的，但它确实是我们真正需要的，因为每个戒律都是在我们的理性在线的时候认可的（比如健康类戒律）。另外，实施戒律反过来有助于我们更深入地理解戒律的意义，你会发现整个人在慢慢变化。

五

一天过去后，在睡前需要对这一天中戒律的实施情况进行反思，比如每天晚上花时间反思你如何遵守戒律，以及你的体验如何。例如，如果你设定了每天早晨锻炼的戒律，晚上可以回顾一天是否坚持了这一习惯，以及这种习惯给你带来了什么样的身心变化。如果你的戒律是减少使用社交媒体，可以思考这是否帮助你更专注于当下。如果你决定每天阅读一小时，晚上可以反思这个目标是否实现，以及阅读是否提升了你的知识量或给你带来了新的思考。如果你的戒律是保持正面思维，可以检查一天中是否成功避免了消极情绪的影响……这些反思不仅是对行为的检查，也是对内心的探索，因为反思本身也是向内生长的重要方法。通过这样的日常反思，你可以更清楚地了解自己的行为模式和心理状态，逐渐形成更有意识和有目的的生活方式。

六

通过以上方法，戒律不仅成为我们生活中的规范，更是引导我们不断向更好的自我迈进的工具。记住，戒律的最终目的是帮助我们成长和提升，而不是成为一种负担。因此，实施戒律时，保持灵活和自我同情是非常重要的。

第七节　面向目标的自我纠正

一

在追求个人成长和自我提升的道路上，我们经常遇到各种内在挑战，比如拖延、自信心不足、过度焦虑、演讲恐惧等，这些烦恼有时给我们的生活造成极大困扰，例如时间和机会的浪费等，而最大的困扰是造成我们对自己的不满。时常，当我们意识到自己出了问题的时候，迫切希望解决这些问题。许多人出于实用主义的目标，不想探究问题的潜意识根源，而只想从行为和思维上进行纠正，达到某种可描述的目标，比如"不再拖延""减缓过度焦虑"等。这时，有一种称为认知行为疗法（CBT）的方法正适合你。

二

让我们从一个有趣的故事开始。伟大的作家海明威，在写作的征途上，无意中借助了认知行为疗法（CBT）的原理，成功地克服了自己的拖延问题。

曾有一段时期，海明威对写作心生畏惧，每日迟迟不愿坐下来展开创作，而是沉溺于无休止地构思、编织心中的蓝图，记录灵光一现的想法。他总是不肯动笔，感觉思想尚未成熟。在极少数强迫自己写作的时刻，所写出的文字总令他失望，这进一步加剧了他的挫败感。幸运的是，海明威有一项特殊的习惯：他会详尽地记录自己每日的写作成就和挑战，用坦诚直接的文字，捕捉那些刹那间的思维火花和创作的流程。

随着时间的推移，海明威开始对这些记录进行深入的自我分析。他逐渐发现，自己的拖延实际上根植于对完美的执着———一种深信初稿必须达到完美标准的信念。他在分析过程中注意到，那些写作顺畅的段落，实际上在初次书写时远非完美，而是经过屡次的打磨和修改，逐渐熠熠生辉，甚至激发了灵感的泉涌，让他进入那种被广泛赞誉的创作"心流"状态。这一认知使他明白，初稿无须追求完美，他应该接受其原始的、未经雕琢的面貌，并愿意投入不断的修改和完善过程，从而大幅减轻他对写作的恐惧和焦虑。换言之，那种完美主义的思维模式，曾是他创作道路上的一大阻碍。

因此，海明威开始实践一种全新的方法：他学会了接纳那些不尽完美的初稿，并以此为基础，不断地进行迭代和完善。他的一句名言便是对这种心态的最佳诠释："一切初稿都是臭狗屎！"这不仅反映了他对自我纠正过程的深刻理解，也生动地体现了CBT中关于认知重构的核心理念。

三

认知行为疗法（CBT）是一种在心理治疗领域极具影响力的方法，起源可以追溯到20世纪中叶。最初由精神分析学派的亚伦·贝克发展而来，CBT的核心理念是个人的情感和行为受到其认知（即思考和信念）的影响。这种治疗方式着重于识别和改变那些不合理或负面的认知模式，如"我必须做得完美"，鼓励个体学习并采用更积极、现实的思维方式来代替那些不合理或负面的认知模式。

CBT的过程包括几个关键步骤：首先，引导个体识别出自身的负面思维模式；其次，分析这些思维如何影响情感和行为；最后，通过具体策略改变这些负面认知，如逻辑分析、现实检验等。

举例来说，假设有一个作家——张伟。他是一位有潜力的小说家，但长期受拖延症的困扰。他经常发现自己无法按时开始写作，总是找各种理由推迟，比如"我今天灵感不足"或"可能我还没准备好"。这种思维模式不仅影响了他的写作进度，还让他感到沮丧和自责。

在接受 CBT 治疗的过程中，张伟的治疗师首先帮助他识别出这些负面思维。他们一起分析了这些思维如何影响张伟的情感和行为，发现因为对完美主义的追求导致了他对写作的恐惧。接着，治疗师引导张伟运用逻辑分析来挑战这些思维。他们一起探讨了这些问题，"真的需要灵感才能开始写作吗？""所有著名作家的初稿都是完美的吗？"

通过这些讨论，张伟逐渐认识到，等待"完美时刻"，实际上是一种拖延的借口。他开始实践新的策略，如设定小目标（比如每天写 500 字）和建立固定的写作时间等。这些改变帮助他克服了拖延，逐渐恢复了写作的习惯和自信。随着时间的推移，张伟不仅完成了他的小说，还学会了如何有效管理自己的时间和情绪。

四

尽管 CBT 可以被个体自我实施，但在多数情况下，专业的心理咨询师或治疗师的介入会更好，因为专业人士熟悉治疗流程，能提供更加系统和结构化的指导，帮助个体更深入地理解自己的思维模式，并提供有效的策略来促进改变。此外，就像前文海明威的例子，自我实施 CBT 通常需要更多的自我分析、反思和自律，因为个体需要独立地识别和挑战自己的不合理思维，这往往比在专业人士的指导下更困难。

五

当然，很多人出于隐私和文化等原因，希望自己来实施 CBT，那么可以按照下面的四步来进行。

第一步，自我觉察与记录。像海明威那样，开始记录自己的思维模式和行为。例如，当你发现自己在拖延时，记录下来你当时的想法和感受。

第二步，识别负面思维。在这一步中，个体需要仔细审视自己的思考模式，寻找那些负面或不合理的认知。这些思维通常是个人成长和进步的障碍。例如，"如果我做不到完美，就是失败"，"人们一定会发现我不够好"，"我总是做错事"，"如果事情没有按照我想的那样去发展，那就是灾难"……识别这些不合理的思维，是 CBT 的关键步骤之一，因为它们往往是造成情绪和行为问题的根源。

第三步，挑战和替换思维。在这一步中，个体应开始挑战在第二步中识别的负面思维，并用更现实和积极的思维模式来替代它们。例如，针对"如果我做不到完美，就是失败"的思维，可以替换为"每个人都有不完美的时候，我也可以从错误中学习和成长"；对于"人们一定会发现我不够好"，可以转化为"每个人的价值并不取决于他人的看法"；面对"我总是做错事"的思维，可以改为"我有时犯错，但也有很多成功的经历"；对于"如果事情没有按照我想的那样去发展，那就是灾难"，可以调整为"即使事情不如预期，我也有应对和适应的能力"。这一步骤至关重要，因为它不仅帮助个体认识到原有思维的局限，还引导他们培养更健康、积极的心态。

第四步，练习新的行为。将这些新的思维模式转化为实际行动。例如，即使初稿不完美，也要继续写作，逐步完善。

六

CBT 不仅是解决心理问题的工具，还是一种向内生长的自我觉察、反思和内省工具，步骤简明固定，不深挖问题的潜意识根源（如儿时经历等），见效较快。正如海明威所展示的，通过自我分析，我们变成了一个更主动的向内生长者，发现更多内在的力量，走向更积极和充实的生活。

第八节　情绪管理的艺术

一

在忙碌而多变的生活中，人们常常面临各种情绪挑战，如突如其来的焦虑、无法解释的忧郁、难以控制的愤怒，或是深陷低落的情绪等。例如，电影《美丽心灵》中的主人公约翰·纳什，一位杰出的数学家，经历了由精神分裂症引起的深刻心理危机，长期的精神波动严重影响了他的工作和家庭生活。又如《白雪公主》中的皇后，因无法接受年龄增长带来的改变和美丽的消逝，她被嫉妒和自卑的情绪所困扰，最终走向了毁灭。

著名的音乐家贝多芬因失去听力而绝望和沮丧，但他并没有被击倒，反而创作出一生中最伟大的作品。还有知名的演员罗宾·威廉姆斯（他在《死亡诗社》中饰演英语老师约翰·基廷，在《心灵捕手》中饰演心理治疗师肖恩·马奎尔），他在快乐和幽默面具下隐藏着深刻的抑郁，最终导致了悲剧性的结局。这些情绪问题不仅影响心理健康，还会干扰日常的决策、人际关系乃至整个生活质量。因此，掌握有效的情绪管理技巧对每个人来说都至关重要。

下面我向读者介绍五种高效的情绪管理方法，分别是：

1. 正念与放松练习——通过身体活动达到心理平静和思维清晰；
2. 情绪认知与记录——通过标签化和记录情绪提升自我认知；
3. 积极思维与自我激励——通过改变内在对话促进情绪积极化；
4. 外部支持与咨询——通过分享和专业咨询获得情绪支持；
5. 情绪调控与应用——在不同情境下有效地管理和运用情绪。

二

正念与放松练习，是结合了正念冥想和呼吸放松技巧的一种方法，强调通过身体活动（如深呼吸）来达到心理的平静和思维的清晰。通过专注于呼吸和身体感受，我们可以学会如何在情绪波动时保持冷静，从而更有效地管理情绪。

举例来说，李明是一位繁忙的软件工程师，经常因工作压力感到焦虑和压抑。一天下午，当他在办公室感到特别紧张时，决定尝试正念与放松练习。他找到一个安静的角落，坐下后闭上眼睛，开始深深地吸气，慢慢地呼气，专注于自己的呼吸。随着每次呼吸，他感觉到身体的每一部分逐渐放松。

李明的思绪开始从工作的压力中解脱出来，他的注意力完全集中在当下的呼吸上。他感受到空气流经鼻腔的凉爽、胸腔的轻微起伏，以及随着呼吸变化的腹部。这种专注不仅使他的身体放松，也让他的心理状态变得更加平静和清晰。几分钟后，他睁开眼睛，感觉心情轻松，焦虑感显著减轻。

这里我们复习一下冥想与正念的要点。冥想通常涉及专注于某一特定事物，如呼吸、某个声音或是某个想法。正念则是在每一个当下保持自我身体内外情况全面的觉察和接受，涉及对当前经历的全然意识，包括感受、思维和外部环境，而不试图评判或改变它们，是一种对"此时此刻"的全面关注。正念不去专注某个特定的焦点。

在李明刚才的练习中，冥想和正念是相互辅助的。冥想负责导入，而正念是在进入状态后，对身体内外情绪和感觉的全面接受和觉察，其方式与中国道家入室修炼的方式是一样的，只是深度和持续时间不同而已。

三

情绪认知与记录。这是通过给自己的情绪贴上标签（例如"生气""忧郁"），并将这些情绪以及相关事件记录在日记中，以便更清晰地认识自己的情绪状态。这种方法有助于我们理解情绪的来源和影响，为未来的情绪管理提供了重要的自省和分析工具。

例如，张华是一位中学老师，他开始了一周情绪日记的记录。在一周的时间里，他记录了出现的各种情绪：周一，他写下"挫败"，因为课堂上的一些学生似乎无法理解他的讲解；周二，他记录了"自豪"，因为他的一个学生在数学竞赛中获奖；周三，他感到"紧张"，因为即将到来的家长会；周四，他记录了"感激"，因为他得到了同事的帮助；周五，他感到"疲惫"，由于一周的忙碌和压力。通过记录这些情绪标签，张华不仅开始理解这些情绪出现的具体场景，还逐渐学会了寻找产生这些情绪的根源。这帮助他更好地管理自己的情绪，并在工作和生活中寻找更多的平衡点。

四

积极思维与自我激励。积极的心态，如感恩、乐观和善良，对情绪有着显著的正面影响。通过改变内在对话，用更积极、现实的方式来看待事物，可以有效地提升情绪。

例如，小李在职场经常感到非常失落，他开始每天在下班前花几分钟时间记下当天的积极之处，比如他学到了新技能，或是和同事之间的愉快交流。他还在自我戒律中严禁自己在内心恶评他人，并写下对自己的鼓励话语，提醒自己每个挑战都是成长的机会。几周后，小李发现自己对工作的态度变得更加积极和乐观。

这是因为，第一，一个人的内在对话，有自我催眠效用，从而变成影响其认知和行为的信念；第二，产生情绪是对事情的评价，而非事情本身。这一点基于认知心理学的理论，特别是认知行为疗法（CBT）。换句话说，我们对事情的看法、对事件的解释和评价，是决定我们情绪反应的关键因素。例如，同一事件在不同人看来可能引发截然不同的情绪反应，这取决于他们如何理解和评价这一事件。

五

寻求外部支持与咨询。情绪管理不仅是个人的事情,有时候也需要外部的帮助。与信任的朋友或家人分享情绪和感受,可以获得不同的视角和支持。在情绪问题严重影响日常生活时,寻求心理专业人士的帮助也是非常重要的。

六

情绪调控与应用。这一方法强调在不同情境下有效地管理和运用情绪。情绪调控是一个持续的过程,涉及观察、评估和控制自己的情绪反应。同时,情绪劳动,即有意识地调节自己的情绪,以适应社会和工作要求,对于改善人际关系和社会互动至关重要。

例如,李华是一位项目经理,经常需要在高压环境下工作。在一个紧张的项目截止日期前夕,他发现自己非常焦虑和紧张。意识到这些情绪可能影响他的决策和团队士气,李华采取了积极的情绪调控策略。他开始通过深呼吸和短暂的冥想来降低自己的压力水平,并在心理上为接下来的挑战做好准备。此外,他也意识到表达过度焦虑可能会影响团队成员,因此他在团队会议中有意识地保持镇定,鼓励团队成员,并给予他们积极的反馈。

七

在向内生长的过程中,情绪管理是一个长期且需要持续努力的任务。通过实践以上这些方法,我们不仅能更好地控制和理解自己的情绪,还能在人际关系和自我管理方面取得显著的进步。记住,情绪管理不是一蹴而就的,而是一个需要时间和实践来完善的过程。

第九节 自我同情与自我照顾

一

在电影《阿甘正传》中,主人公阿甘面临着人生的重重挑战。当他遭受嘲笑、排斥,甚至在爱情上碰壁时,阿甘以接纳、理解和悲悯自己的方式应对。这些心理活动通过电影旁白的精妙呈现,让观众感受到了他的内心世界。特别是,他的标志性跑步似乎总在自我同情的时刻出现,成为他自我照顾的一种方式。他通过这种身体上的活动,达到心理平衡和自我治愈,展现出一种对自己的深刻关爱。

在《当幸福来敲门》中,主人公克里斯·加德纳在生活中遭遇重重困境,从事业的失败到家庭的破裂,他所遇到的挑战堪比阿甘。然而,在这一切压力之下,克里斯始终保持着对未来的希望和对自己的信念。他在最困难的时刻展现了自我同情,不仅接受自己的现状,还努力理解和原谅自己所经历的一切。此外,他通过不懈的努力,不断寻找新的工作机会,尽力为儿子创造一个幸福的环境,这些都是他自我照顾的具体体现。克里斯在面对人生低谷时的自我同情与自我照顾,不仅是他个人奋斗的象征,也启示我们在困境中找到力量的源泉。

二

自我同情(Self-Compassion)与自我照顾(Self-Care)在我们向内成长的旅程中扮演着至关重要的角色。从圣人到罪犯,全世界的人们都对观音菩萨、圣母或母亲的形象抱有敬仰,这些形象代表了人类深层的渴望——被无条件地同情、怜悯和接纳。自我同情正是这种渴望在我们内心的体现,它是一种自我接纳的力量，即使在全世界的人都转身背对着你时，你的内心仍然接纳和理解自己。它是一种内在成长的态度，鼓励我们在面对个人的困境、失败或不完美时，用理解和善意的眼光看待自己，而非沉溺于自我批评或责备。自我照顾则是这种态度的行动延伸，它体现在我们为维护或提升自己的身体、心理和情感健康所采取的具体行为和活动中。

三

自我同情是一种内在的态度，它鼓励我们在遭遇个人困境、失败或不完美时，用一种理解和善意的眼光看待自己，而非陷入自我批评或责怪的旋涡中。

例如，当你在一次重要考试中未能及格，感到失望和挫败时；当你在工作中遭遇一个失败的项目时；当你在一段关系中感到被误解或伤害时；当你在体育运动或健身过程中没能达到预设的目标时；当你在艺术或创意工作中遇到瓶颈、感到灵感枯竭时；当生活压力让你感到不堪重负时……在这些多样的失败和压力情境中，自我同情始终是一盏指引之光，它将你人格中那严厉、刻薄、尖酸的部分，替换或驯化成宽厚和包容的另一个自我，从此，慈悲的菩萨和宽仁的长者与你相伴。自我同情不仅是对困境的理解和接纳，更是一种力量，它鼓励我们从不同角度审视失败，发现其中隐藏的成长与学习的机会，教导我们在面对挫折时，不必沉溺于自责和悲观，而是以一种更加温柔和宽容的态度对待自己，像是一个内在的导师，引导我们在失败的教训中找到智慧，让我们在挫折面前保持韧性和坚持，让我们认识到每个失败都是成长路径上的一步，是通往自我实现和成熟的必经之路。这种内在的支持和关爱，是我们在人生旅途中不可或缺的伴侣，帮助我们勇敢地面对生活的风风雨雨，不断前行。

四

自我照顾是一种积极主动的生活方式，旨在维护和提升我们的身体、心理和情感健康。它通过一系列具体的行为和活动，帮助我们更好地应对生活中的挑战和压力。

例如，当你在一次重要考试中未能及格，感到失望和挫败时，自我照顾可能意味着给自己一段时间来放松和调整，比如通过阅读一本喜欢的书或进行一次轻松的散步来缓解心理压力。当你在工作中面对失败的项目时，自我照顾可能是选择与同事或导师进行深入交流，寻求建设性的反馈和指导，从而积极面对问题并寻找解决方案。在一段关系中感到被误解或受伤害时，自我照顾可能体现为寻求专业的心理咨询，或与信任的朋友深入沟通，从而获得情感上的支持和理解。在体育运动或健身过程中，如果没能达到预设目标，自我照顾可能表现为调整训练计划，确保身体得到适当的休息和营养，或是尝试新的运动方式来激发兴趣和动力。在艺术或创意工作中遇到瓶颈时，自我照顾可能意味着给自己创造一个无压力的环境，比如观看一场艺术展览或自然漫步，以启发新的灵感和创意。

自我照顾是一种生活艺术，它让我们学会在面对困难和挑战时更好地照顾自己。它教会我们如何在生活的不同方面采取积极的行动，从而达到身心的平衡和保持健康。这种自我关怀和实际行动的结合，成为我们通向更加健康、平衡和充实生活的关键。正如自我同情让我们内心强大，自我照顾则让我们的生活更加丰富和有序。

五

自我同情与自我照顾，两者之间存在着密切的联系，共同构成了内在成长过程中不可或缺的组成部分。它们不仅可以并行发展，还可以相互促进，助力我们在生活中更好地应对挑战，实现自我成长和幸福。

第十节　自我观察与自我反馈

一

在职业体操训练中，运动员们普遍采取持续的自我观察与自我反馈，不断提升自己的技能和表现。

例如，美国体操运动员西蒙·拜尔斯（Simone Biles）在训练过程中发现自己在平衡木项目上的完成度不够高。通过观看自己的训练录像，她注意到在执行高难度技巧如后空翻和旋转时，她的身体平衡有所偏移，导致动作不够稳定。她还发现，在完成技巧后的落地动作中，由于身体控制不够精确，有时会出现小幅度的摇晃。

在教练的指导下，拜尔斯开始有意识地调整自己的身体姿态，确保在执行技巧时保持核心肌肉的稳定，以提高动作的准确性和稳定性。她还专注于加强核心力量和身体协调性的训练，以提高在平衡木上的整体表现。每次练习后，她都会和教练一起观看录像，回顾训练的情况，对比前后的表现，明确进步和需要改进的地方。通过反复的练习和自我评估，她的平衡木技巧逐渐得到改善。

最终，在一次重要的比赛中，拜尔斯凭借这些细致入微的调整，成功地完成了一系列高难度的平衡木动作，包括完美的后空翻和精确的旋转。她稳定而优雅地完成整套动作，赢得了评委的高分。

二

自我观察（Self-Monitoring）和自我反馈（Self-Feedback）是元认知的重要组成部分，对个人的成长和自我提升具有不可估量的作用。

自我观察，是指个体对自己的行为、思想和情感的持续关注和审视。它像一面镜子，能够客观反映我们的真实状态，帮助我们认识到自身的长处和短板。

自我反馈，则是在自我观察的基础上，对自己的行为或表现提出评价和建议。它是一种自我指导的过程，可以帮助我们从错误中汲取教训，从经验中获得成长，不断调整和优化自己的行为模式。

例如，一个想要提高公众演讲技巧的人，可以通过录制自己的演讲视频进行自我观察，从而发现自己的语速、声调、肢体语言等方面的不足。接着，他可以通过自我反馈，为自己设定改进目标和计划。比如练习缓慢而清晰的发音，或者在演讲中加入更多的手势表达。

再如，一位专业摄影师为了提高自己的拍摄技术，开始对自己的作品进行细致的观察。他仔细分析每张照片的构图、光线处理、色彩搭配等，识别出自己在拍摄中的常见问题，如曝光过度或构图不平衡。随后，他根据这些观察，给自己提供了具体的反馈，比如在特定光线下调整曝光设置，或在构图时注意画面的对称性和层次感。他还参考其他顶尖摄影师的作品，从中吸取灵感和技巧，不断实践和调整，以达到更高的艺术表现水平。通过这种持续的自我观察和反馈，摄影师能够明显提升自己的拍摄技巧，创作出更加引人入胜的作品。

在这个过程中，自我观察和自我反馈相辅相成，共同促进个人技能的提升。

三

在日常工作中，自我观察和自我反馈同样重要。

比如，一位项目经理，在完成一项涉及多部门协作的复杂项目后，决定通过自我观察和反馈来提升自己的管理效率和团队协调能力。她首先回顾了整个项目周期，从项目启动到交付的每一个阶段。她特别关注与评估自己在项目规划、团队沟通、风险管理以及资源分配方面的表现。通过深入分析,她发现自己在初期的项目规划阶段较为成功,能够准确设定项目目标和里程碑,但在中期的团队协调和风险应对方面存在不足,比如在处理跨部门沟通时未能及时解决误解,导致项目延误。

针对这些观察,她为自己制定了具体的改进措施。她计划在未来的项目中更频繁地组织跨部门会议,确保信息的及时流通和问题的快速解决。同时,她决定参加专业的项目管理培训,以提高自己在风险评估和资源管理方面的能力。

又如,一位软件开发工程师在交付一款新软件后,利用自我观察和反馈来提升自己的编码和团队协作技能。她通过回顾代码的质量、故障(bug)修复过程以及与团队成员的沟通方式,识别出在代码优化、时间管理和团队沟通方面的不足。例如,她发现自己在处理紧急bug时效率较低,原因是缺乏有效的时间管理和优先级划分。针对这些问题,她制定了改进计划,采用更高效的时间管理工具,学习新的编程技巧,同时提高与团队的沟通频率和质量。通过这种自我观察和反馈,她能够更有效地参与到未来项目中,提高编程效率,同时增强团队合作能力。

四

自我观察与自我反馈是自我成长和提升的重要工具。它帮助我们更加深入地了解自己,促使我们在认识自我的同时,不断提升自己的能力和效率。通过这两种技能的持续实践,我们可以更好地应对生活中的挑战,实现个人的目标和梦想。

第十一节　重视运动、营养和睡眠

一

在日常生活中，我们常常会遇到这样的情景：一个朋友由于长时间的加班和应酬，导致身体出现问题；另一个朋友因为缺乏规律的运动和不均衡的饮食，体重逐渐增加，精神状态也越来越差。再比如，知名企业家埃隆·马斯克，由于长期的高强度工作和压力，曾公开表示需要在工作和使用安眠药之间做出选择，这表明他遭受了严重的睡眠障碍，这不仅影响了他的日常决策能力，也严重损害了他的心理健康。另一位著名企业家阿丽安娜·赫芬顿也曾因为极度疲劳而突然倒下，导致脸部受伤，这反映了她长期的睡眠问题和高强度的工作压力。

这些例子反映出一个普遍现象，在追求事业和生活目标的同时，许多人忽视了对自身健康的维护，尤其是运动、营养和睡眠这三个基本方面。这不仅影响了他们的身体健康，也对他们的心理状态产生了负面影响，阻碍了他们向内生长的步伐。对于那些处于高压和高强度工作环境中的人士来说，这种忽视尤其严重。无论是身处商界的高管还是权力中心的领导人，他们常常因为忽视这些基本的生理需求，而面临着更加复杂和严峻的身心健康挑战。因此，对于任何追求向内生长和个人成长的人来说，不可忽视运动、营养和睡眠的重要性。

二

向内生长不仅是一种心灵上的追求，更是一种全面的生活态度。当我们谈论内在的成长和进步时，往往会聚焦于心理、情感和思想层面的提升。

然而，作为一个整体，身体健康是心灵和思想健康的基础。运动、营养和睡眠这三大要素，是维持身体健康的重要组成部分，它们直接影响着我们的情绪稳定、认知能力和心理状态。

三

运动不仅是一种强化身体素质的有效方式，而且在提升心理健康方面扮演着重要角色。规律的体育活动能够促进内啡肽的释放，这种被称作"快乐荷尔蒙"的物质，能显著提升情绪并缓解压力。一天紧张工作之后，进行一次轻松的慢跑或瑜伽练习，你会感觉心情变得轻松，思维更加清晰。运动不仅是身体上的锻炼，还是一种心灵的净化，能帮我们摆脱日常的繁忙工作和压力，找回内心的平静。

运动对身心健康的益处在许多成功人士身上得到了体现，比如在中国工程院院士钟南山和老模特王德顺的生活中。这两位年长的先生通过持续的锻炼，展现了如何通过运动保持活力和健康。

钟南山院士，即使在83岁高龄，仍然保持着日常的锻炼习惯。他的训练包括跑步、游泳以及引体向上等多种形式的锻炼。钟南山院士在日常繁忙的工作之余，每周都会抽出三四天进行锻炼，每次40到50分钟。他的锻炼方式包括25分钟的跑步以及上肢力量的锻炼，如20个连续的杠上撑和10个引体向上。他的坚持不仅体现在锻炼的持续性上，而且体现在他的适度原则上——不强求过量的运动量，而是适可而止，这对于他这个年纪来说至关重要。

王德顺，作为一位中国的老年模特，他在70岁时塑造了肌肉男的形象，并在80岁开始走秀。更令人敬佩的是，他在85岁时还开始学习驾驶飞机。

这两位成功人士的故事明确表明，无论年龄大小，运动都是维持身心健康、保持活力和追求梦想的关键。

四

维持良好的饮食习惯，对于保持身体健康和心理平衡极为重要。均衡的营养摄入不仅提供了身体所需的能量和营养，而且对我们的情绪和认知功能有着积极影响。例如，缺乏必要的维生素和矿物质会导致精神状态下降，引发焦虑和抑郁情绪。相反，均衡的饮食能够提升大脑功能，增强记忆力和注意力，从而促进心理健康和个人成长。

许多名人的成功在很大程度上得益于他们对饮食和健康的关注。比如著名足球运动员克里斯蒂亚诺·罗纳尔多（C罗）就是一个典型的例子。他以严格的饥饿管理和高质量的营养摄入闻名。罗纳尔多的饮食以高蛋白、低脂肪、富含维生素和矿物质的食物为主，这有助于他保持最佳的身体状态和出色的运动表现。

另一个例子是好莱坞演员克里斯·海姆斯沃斯，他为了在电影中扮演超级英雄而进行了大量的身体训练。海姆斯沃斯的训练计划中包含了严格的饮食控制，以确保他的身体能够达到电影所需的体形和力量。他的饮食以高质量的蛋白质、健康脂肪和复杂碳水化合物为主，以支持他的高强度训练。

这两位名人的例子清楚地表明，良好的饮食习惯对于维护身体和心理健康，以及实现个人目标至关重要。

五

高质量的睡眠对身心健康至关重要。良好的睡眠有助于恢复体力、调整情绪、整合记忆，并促进大脑修复。例如，充足的睡眠能令人次日精神焕发、思维清晰。相反，睡眠不足或质量差会影响皮肤光泽、情绪稳定、注意力和认知能力，甚至可能引起长期心理健康问题。

美国女星詹妮弗·洛佩兹非常重视睡眠对健康和美丽的影响，她的美容秘诀之一是坚持每晚至少 8 小时睡眠。不老女神钟丽缇则通过早睡来维持年轻状态。张柏芝强调睡眠不足会影响皮肤和头发的健康。韩国女神全智贤同样强调每天睡足 8 小时对皮肤有极大益处。技术企业家马克·库班亦坚持每晚 6 到 7 小时睡眠，确保身体和思维状态达到最佳。这些人的例子，凸显了高质量睡眠对于保持最佳身心状态的重要性。

六

运动、营养和睡眠这三者紧密相连，共同构成了我们维持身心健康的基础。在追求向内生长的过程中，我们不应忽视这些基本生理需求的重要性。通过维持规律的运动习惯、保持均衡的饮食和确保充足的睡眠，我们不仅能够提升身体健康，还能为心灵的成长创造良好的条件。

第十二节　婚姻家庭中的状态调节

一

在婚姻里，内心的生长更为重要，个人对婚姻的态度，事实上是一种自我和解，是一种接受，而不是忍受。

《围城》里有这样一段话："不管你跟谁结婚，结婚以后，你总会发现你娶的不是原来的人，而是换了另外一个。"

无论你多么喜欢一个人，无论你们在一起多么合适，只要你把她娶回家了，她就不是她了，你也不是你了。这就是人生最大的围城，里面的人总想出来，外面的人总想进去。进去和出来之后又开始后悔，想逃离现状。

很多人总觉得生活太无聊，因为地方不够好，工作不够好，或者身边的人太无趣，然后期待换一个地方，换一份工作，换掉身边的人，从而过上称心如意的生活。然而现实往往是：无论他们换了多少地方，多少份工作，多少个身边人，生活最终还是百无聊赖，一潭死水。比如，前些年很多人离开一线城市去了丽江开民宿，期待从此过上世外桃源般的生活，结果最后还是回来了。很多人厌倦了世俗生活，抛弃了人和事，跑到深山老林的寺庙去修行，结果到了寺庙后发现又是一个江湖，最终还是那些事。

很多人认为另一半太无趣，于是就找了一个能带给自己激情的人，结果在一起后没多久，发现对方还是不如意。究其本质，一个人只要自己内心是无趣和苍白的，无论在哪里，无论跟谁在一起，无论做什么工作，最终都是无趣和苍白的。如果指望以逃离婚姻、逃离城市、逃离工作来改变自己的不幸，注定只能是竹篮打水一场空。

二

一个人成熟的标志就是明白了一个道理：求人不如求己，只有自己才能救赎自己。我们要做的，不是期待遇到一个好人，找到一份好工作，定居一个好城市来给自己幸福，而是要把自己变成一个有"幸福力"的人。幸福不是靠缘分，幸福本身就是一种能力、一种习惯、一种状态。内心幸福的人，无论到哪里，无论和谁在一起，都会幸福。内心不幸福的人，无论到哪里，无论和谁在一起，都不会幸福。幸福只跟自己有关，跟外界、外人无关。"幸福力"，是世上最重要的能力。无论是在各种文艺作品中，还是在各种教育观念中，我们从小就都被灌输这样的理念，一定要找到对自己最好的另一半，你才会幸福。也就是说，我们获得幸福的办法，是一定要遇见一个好的人才可以。

怎么去遇见呢？去寻找，靠缘分，或者是坐着等。至于能不能找到，能不能等到，那就要看你的运气了。真是很荒唐！一个人这辈子能不能幸福，居然完全取决于这个人的运气。这就是典型的弱者思维，将自己的幸福和前程寄托在外界和他人身上。遇到了是自己的幸运，遇不到就是自己命不好。其实，一个人幸福与否，与伴侣并没有太大的关系，更多地取决于自己。无论你和谁过，其实都是和自己过，这就是婚姻的真相。婚姻，不是你的救世主，你才是你的救世主。可惜我们一直都不敢面对这个真相，宁可活在虚幻里，也不愿意活在残忍的真相里。但是唯有面对现实，才能改变现实。

三

任何关系的本质，都是自己和自己的关系。我们心中的愤怒、怨恨都是自己的问题。别人只是一面镜子，投射出我们内心的残缺。我们内心越缺少什么，越在乎什么，就对什么越敏感。很多愤怒和不幸，都是我们自己臆想出来的，都源于我们内心的残缺。我们的愤怒，其实是对自己无能的愤怒。所以有人说：真爱就像鬼魂，人人都在谈论，但是没人见过。

做到内心完整，才能得到爱情入门的资格。这已经是很高的门槛了，足以把绝大多数人排除在外。

因为只有当一个人实现了自我圆满，能够做到爱自己，爱满则溢，然后才能真正对别人好，才能做到"利他"，才能学会爱别人。如果一个人内心是残缺的、匮乏的、褶皱的，又怎么可能去爱别人？即便这些人也愿意去付出，但是由于内心的匮乏，每付出一分就想要十分的回报，对方回报稍微迟缓一点他们马上就委屈了，愤怒了。其实绝大多数人需要的都不是爱情，而是由于自己内心残缺所需要的一种弥补。当遇到了可以弥补自己内心的那个人，就对他产生了依赖，就认为自己的幸福有归属了，其实悲剧也在悄然间滋生。依赖什么，一定要保持警醒，因为依赖越多，关系越快变味。当被依赖的对方放弃照顾你的时候，你就惨了。只要你自己不圆满，就永远对他人有需求；只要对他人有需求，就容易被人凌驾其之上。很多人这时呼天抢地，说世界欺骗了自己，不愿意再相信爱情了，可这究竟是自己的问题，还是别人的问题呢？

四

世俗里的爱情，都是两个残缺个体的爱恨情仇，他们张嘴闭嘴的都是"爱"，卿卿我我的都是"情"。其实很多人都会因为内心的残缺而相生相杀，最终成为悲剧。还有很多人总以为，一个人真正爱自己，就会无条件为自己付出，无条件对自己忠诚。可是，这个时代早就变了，人们变得越来越独立，这早就不是那个谁可以为谁去死，谁又因为谁而生的年代了。人一旦走向独立，需要的就不再是互相牺牲、付出，而是互相成全。我们首先要保持自己的独立性，包括人格的独立和经济的独立，才有资格和另一个人互相成全。是的，虽然我们生来就不完整，但是我们可以自己把自己的内心变得完整，而不是把这种完整性寄托在另一个人身上，不是让另一个人来补充或完善我们。记住，这世界上没有任何一个人能为你的幸福负责。不要试图从另一个人身上获得幸福，我们必须有把自己变得完整且幸福的能力。爱情应该是两个相对独立的个体摇着小舟，彼此接近的过程，而不是一个人历尽千辛万苦上了另一个人的贼船。

五

大多数人不是婚姻不幸，只是本来就过得不好，刚好结婚了，于是婚姻就背了这个锅。你是谁，就会遇见谁。婚姻的不幸，世界的不幸，往往是你内在的不幸。无论你跟谁在一起，无论你选择一份怎样的事业，你到最后遇到的都是自己。事业如此，爱情也如此。早一天明白这个道理的人，不仅会早一天看穿世界真相，也会早一天获得真正的幸福。生活就是一场修行，我们必须有直面自己的清醒，以及自我蜕变的勇气。而修行的最高境界，就是内心和谐，内心无所缺。每个人都必须完成一场自我修行，然后才能享受到世界的美好。否则，无论你换多少个伴侣，命运都是一样纠结

最终，通过内心的不断成长，你会发现，幸福是你一个人的事情，和外界和他人毫无关系。

第七章 任务中向内生长

在本章中,我们将深入探索向内生长在实际任务执行中的应用。无论个体是否积极参与社会活动,将向内生长的原则应用于日常生活和工作的各项任务中都是至关重要的。这种做法不仅让任务执行过程受益于向内生长原则的指导,而且能让我们在广泛的生活和工作场景中,体验到这些原则带来的益处。毕竟,这正是向内生长的本质追求:在日常活动中不断提升和完善自我。

第一节 慢速和专注

一

爱因斯坦,作为20世纪最伟大的物理学家之一,在科学探索的道路上,经常面临复杂和深奥的理论挑战。在研究相对论的过程中,他快速地进行数学计算和理论推导,同时采用了慢速与专注的原则。

在解决物理学中的难题时,爱因斯坦有意识地放慢了思考的步伐,给自己更多的时间去深入分析和反思。他常常在安静的环境中长时间地沉思,而不是匆忙地追求答案。这种慢速的思考过程,使他能够更深入地探索理论的可能性和含义。其中一个著名的例子是他的钟塔思考实验,他花了很多时间，极慢速而专注地想象自己站在一座钟塔上，同时观察远处的另一座钟塔，这个思考实验帮助他形成了关于时间和空间相对性的初步概念。

此外，爱因斯坦还采用了"专注"策略。在思考复杂的物理理论时，他会完全隔绝外界的干扰，全心全意地投入问题的探索。这种专注使得他能够深入理解物理现象，发现并建立起革命性的科学理论，如狭义相对论和广义相对论。他的专注达到了那样的程度，以至于梦中还不自觉地思考。有一次，他在梦中梦见自己在滑雪，这个梦让他体验到了以接近光速滑行的感觉，这个梦境被认为对他后来提出狭义相对论有所启发。

二

将向内生长的社会原则中的慢速和当下原则应用于日常生活之中，就具体化为慢速与专注。

慢速原则是指在完成任务时有意识地放慢速度，以便更深入地思考和理解。这与我们通常追求效率和速度的做法相反，但在处理需要深度思考的任务时尤为有效。比如常见的数据分析和软件开发项目，虽然都有截止日期的压力存在，似乎都在催促当事人加快速度，但其实这两种任务更需要慢速进行。比如数据分析项目要求进行复杂的市场分析，此时如果快速浏览数据而草率得出结论往往不准确。应该采用慢速原则，花费更多时间来深入研究数据集，检查每个数据点，考虑不同变量之间的关系，并探索各种可能的解释。再如软件开发，即使面对紧迫的截止日期，也要选择慢速原则，细致地规划每个开发阶段。在编码过程中，不能急于完成，而要花时间仔细思考每个功能的最佳实现方式，预见可能的问题，并进行彻底的测试。这种方法虽然初期看似缓慢，但最终会帮助开发人员开发出一个更稳定、用户友好的产品，减少之后可能出现的错误和修复工作。

三

专注原则则是指在一段时间内只专注于一项任务，减少被打断的频率，从而提高工作质量和效率。

比如，一个作家选择在早上四个小时内只专注于写作，他关闭所有通信软件，将自己完全沉浸在创作的世界中，这样他能够更深入地构思情节和人物，提高写作的质量和效率。

比如一位画家，她决定每天下午专门留出三个小时来绘画，不受任何外界干扰。在这段时间里，她完全聚焦于画布和颜料，通过深度专注，她的作品细节和创意表现得更加丰富和精致。

再如一位程序员，在工作日的前半天，专注于编写和调试代码。他关闭了所有不必要的通知，避免查看电子邮件或社交媒体，这使他能够更快地解决问题，提高编程的质量和效率。

四

在向内生长过程中，慢速与专注帮助我们更深入地探索和理解自己的工作和生活，培养稳健、平和、专注的性格，使自己的内心在纷乱的生活中更平静笃定，这样对身心两方面健康都有好处。

心理学家丹尼尔·卡尼曼在他的著作《思考，快与慢》中，形象地将人类潜意识脑区（其实由很多具体的功能脑区组成）称为系统一，将人类意识脑称为系统二，以便于普通人理解人类思维器官的结构和功能。

作为潜意识脑区的系统一（System 1），是一个快速、直觉的思维系统。它自动运行，不需要我们有意识地控制或进行努力。系统一负责快速做出感知、判断和决策，通常依赖于启发或直觉。例如，当我们几乎不假思索地解读某人的面部表情，完成语言文字的感知，条件反射地在球场上奔跑或在泳池中游泳时，就是系统一在发挥作用。

而作为意识脑区的系统二，是一个缓慢、分析的思维系统。"意识是慢速的"，这是心理学家通俗的表述。系统二需要注意力和有意识的努力，负责处理需要动用思考的、更复杂和困难、系统一没见过因而处理不了的任务,如任何创造性任务、未知和危险情境下的分析和决策,以及向内生长中的冥想与正念等。系统二通常在处理复杂的判断和决策时介入,如解决复杂的数学问题,或评估一个棘手的道德问题。当我们需要集中精力、有意识地思考和分析时,系统二就在起作用。

慢速与专注,是为需要系统二完成任务而建议的用脑原则,且慢速和专注互为基础,没有慢速,系统二就无法发挥作用,而没有专注,意味着系统二要么频繁切换任务,要么分心于下一个或更远期的任务而引发焦虑,影响当下的任务。

五

任何涉及创造性、未知、新奇、风险、冲突和压力的任务,都需要应用慢速与专注原则,这样做不仅能提高工作效率和质量,更重要的是,我们能够更科学地使用大脑、更好地理解和掌握自己的专业领域,促进内在成长。

第二节 时间块与任务批处理

一

李明,一位繁忙的项目经理,每天都要应对各种各样的工作挑战。在一个寻常的周一早晨,他坐在办公室的桌前,面前是堆积如山的工作。他的电脑屏幕上显示着未回复的电子邮件数量在不断增加,他的手机也不时响起,提醒着接下来的会议和紧急电话。面对如此繁杂的任务,李明感到焦虑和压力,不知道从何下手。

这时,他想起了在一次管理学讲座上学到的两个概念:时间块和任务批处理。于是,他决定尝试运用这两个策略来重组他的工作日。

李明首先将他的工作日分割成几个时间块,每个时间块专注于一类特定的工作。他安排上午的两个小时专门用于写报告，这是他一天中最清醒的时候，最适合处理需要深度思考的任务。接着，他设置了一个半小时的时间块来回复所有的电子邮件，这样他就不会在整个上午都被邮件打断。午餐后，他预留了两个小时的时间块用于会议，而下午的最后一个小时是他用来健身和放松的时间。

接着，李明开始实施任务批处理。他挑选了一些相似的小任务，比如回复邮件和安排会议，然后集中在一个时间段内完成它们。通过这种方式，李明减少了在不同任务之间频繁切换的时间损耗。

随着时间的推移，李明发现自己的工作效率有了显著提升。他不再感到被工作淹没，反而能够更加专注和高效地完成每项任务。通过时间块和任务批处理的结合运用，他成功地管理了自己的时间和精力，不仅提高了工作效率，也为个人成长和内在精进创造了更多的空间。

二

时间块，是将一天分成不同的时间段，每个时间段专注于一个或一组相关任务。这是我们非常熟悉的时间管理方式，因为大、中、小学中每天的课时和早、中、晚餐，都是以时间块的方式安排的。

比如，对于一个时间比较自由的经理人来说，他的时间块安排可能是下面这样的：

9:00 AM—11:00 AM：写作

11:00 AM—11:30 AM：回复邮件

1:00 PM—3:00 PM：开会

4:00 PM—5:00 PM：健身

任务批处理，指的是把相似或相关的任务组合在一起，在一个设定的时间内连续完成它们，以提高效率的方法。

举例来说，将一天中所有需要回复的邮件，集中在一个时间段内处理，而不是整天都被邮件打断。

再如，一次性写出一个月所有需要发布的社交媒体内容，避免在碎片化的不确定时间里，抽空去完成它们而增加心理上安排复杂时间的负担。

三

对于向内生长来说，时间块帮助你以更完整的时间专注于完成当下的任务，减少任务切换所需的时间和精力。原因在于，人们进入专注状态和退出专注状态都是需要一定适应时间的。时间块帮助我们更深入地应用觉察原则和解决问题导向原则，通过将更重要但不紧急的事情向前安排、将不重要但紧急的事情向后安排而增加全天的成就感，从而提高时间管理能力而促进向内生长。

任务批处理在向内生长方面与时间块方法起到类似效果。它减少了不断切换不同类型任务所带来的心理负担，让你能更专注地投入每一个任务中，这样你就能在向内生长的过程中更加高效。

四

通过合理地应用时间块与任务批处理，你可以更有效地管理你的时间，从而更好地在现实世界中应用向内生长原则。这两个方法的结合使用会产生协同效应，让你在有限的时间里完成更多的目标。

第三节　顺从精力周期与生物钟

一

张华是一位程序员，他的工作需要长时间的集中注意力和创造性思考。尽管他每天都努力工作，但他经常感到疲惫和效率不高。有一天，他在一本管理学书籍中读到了顺应个人精力周期和生物钟的重要性。张华决定尝试运用这个原理来调整自己的工作习惯。

他开始观察自己一天中精力的高峰和低谷。张华发现,他在早晨和下午3点以后精力最旺盛,午后则感到较为疲倦。于是,他开始在早上安排编程和解决复杂问题的任务,在精力低谷的时候则处理一些相对简单的工作,如回复电子邮件或参加日常会议。下午3点以后,他则专注于学习新技术,或进行创意思考。

二

精力周期,是指一个人在一天之内精力高潮和低谷的自然波动。比如程序员张华,他的精力周期是:早上9点至11点以及下午3点以后,精力最旺盛;下午1点至3点,精力有所下降。

生物钟,是生物体内的一种自然钟表,控制着睡眠、觉醒、食欲、体温等多个生理过程。

举例来说,人们通常在晚上感到困倦,早晨醒来,这是生物钟的影响。

有的人(晨型人)早上精力更旺盛,而有的人(夜猫子)则在晚上更加活跃。

每个人的精力周期和生物钟是不同的。这些差异受多种因素影响,包括遗传、年龄、生活习惯以及个人的健康状况。随着年龄的增长,人们的生物钟也会发生变化。例如,青少年和年轻人倾向于更晚入睡和起床,而年长者通常早睡早起。另外,个人的生活习惯,如饮食、运动、工作和休息模式,也会影响他们的精力周期和生物钟。此外,健康问题也会影响个人的生物钟和精力水平。例如,患有失眠症、抑郁症或其他慢性疾病的人可能会经历生物钟的异常变化。

因此,顺从个人的精力周期意味着识别和利用自己一天中精力最旺盛的时段来完成最需要集中精力的任务。生物钟则是指人的生理节律,包括睡眠-觉醒周期、体温变化和荷尔蒙水平的波动。

比如，一个早晨精力充沛的人可能会在上午安排重要的创意工作或决策任务，而一个"夜猫子"则可能选择在晚上进行这些工作。理解并遵循自己的生物钟，可以帮助人们在精力最旺盛时完成任务，提高工作和学习的效率。

三

在向内生长的过程中，顺从个人的精力周期和生物钟尤为重要，因为从生理学和心理学的角度来看，人类的精力周期和生物钟主要受到大脑中古老结构的调控，尤其是大脑干和系统一（即我们的非意识或自动化思维过程）的影响。这些机制是人类生存和进化过程中形成的关键组成部分，而向内生长，其实是对大脑中古老结构以及系统一的成熟和发展进行管理。

人类的系统一，我们在本章第一节中已经讨论过，它是指我们的直觉或自动思维系统，负责快速、自动、通常是无意识的决策和反应。这个系统与我们的情绪反应、习惯行为和日常任务的自动处理密切相关，对我们的精力分配和认知资源的管理有重要影响。

而人类的大脑干，是大脑中最古老和最基本的部分，负责控制许多基本生命功能，如呼吸、心跳和睡眠－觉醒周期。生物钟，特别是位于下丘脑的视交叉上核（SCN），是调节我们昼夜节律的关键部位。它接收来自视网膜的光线信息，并调整体温、荷尔蒙分泌、睡眠和觉醒周期，以适应外部环境的变化。而我们的精力周期，受到体内荷尔蒙水平的影响较多，如皮质醇和褪黑素。这些荷尔蒙的分泌，有其自然的高峰和低谷，影响我们的精力水平和警觉性。

从心理学的角度来看，这些系统和机制，共同决定了我们的注意力、情绪状态和认知能力的波动，从而影响我们在不同时间段的工作和学习效率。通过理解和适应这些生理和心理节律，我们可以更好地管理自己的精力和时间，从而提高整体效率和生活质量。

第四节　四象限管理法

一

埃隆·马斯克的日常生活和工作节奏，简直就是四象限管理法的生动体现。马斯克每天都面临着紧迫的截止期限、关键会议和技术上的挑战。在典型的工作日，他需要处理各种紧急任务，同时也要规划长期的创新项目。尽管他可能没有明确指出自己在使用四象限管理法，但他的时间管理原则与这种方法高度一致。

马斯克似乎能够有效地将工作分配到不同的象限。例如，他将紧急且重要的任务，如特斯拉车型的关键设计改进或 SpaceX 发射的最终准备，归入第一象限。而他的长期项目，比如火星殖民计划或脑机接口技术的研究，则被归入第二象限。通过这种方式，马斯克不仅确保了眼前紧迫任务的及时完成，还能投入足够的精力进行未来规划和技术创新。

在马斯克的例子中，我们可以看到，即使在极度繁忙和压力巨大的环境下，通过明智地划分和优先处理不同类别的任务，也能有效地管理时间和精力。这不仅可以提高工作效率，还为个人成长和长期目标的实现创造了条件。

二

四象限管理法，是一种普遍使用的优秀的时间管理法，它的精髓在于区分任务的重要性和紧急性。第一象限涵盖了那些既重要又紧急的任务，例如应对突发事件；第二象限则囊括了重要但不紧急的任务，如个人发展和长期规划；第三象限聚焦于那些不重要但紧急的任务，通常这些是他人的急迫需求；而第四象限则包含了既不重要也不紧急的任务，如消遣性质的娱乐活动。

以一位高校教师为例，他如何实施四象限管理法以优化自己的时间安排呢？首先，他将紧急且重要的工作，如备课和批改试卷，归入第一象限。这些任务通常具有明确的截止日期和显著的影响，因此他优先处理它们，确保教学质量不受影响。

接着，他将个人的学术研究和论文撰写安排在第二象限。虽然这些任务的截止日期可能不那么紧迫，但它们对他的职业发展和知识积累至关重要。因此，他会安排固定的时间段，来专注于这些长期但重要的工作，确保持续的个人成长和学术贡献。

在第三象限，他处理那些紧急但相对不那么重要的任务，比如参加一些行政性或形式性的会议。尽管这些会议可能需要即时参与，但对他的个人和专业成长影响有限。因此，他会合理安排这些会议，以确保它们不会占用过多的时间，从而影响到更重要的工作。

最后，他在第四象限安排一些休闲活动，如浏览社交媒体或观看电视。这些活动主要是为了放松和娱乐，通常在一天工作结束后进行。他明智地控制在这一象限上花费的时间，以确保它们不会侵蚀到其他更重要任务的时间。

通过这种方法，这位教师不仅有效地管理了自己的时间，还确保了在紧迫任务和个人发展之间保持良好的平衡，从而促进了他的内在成长和专业提升。

三

四象限管理法不仅是高效的时间管理工具，更是促进个人内在成长的关键途径。这种方法通过明晰地区分和优先处理重要任务，特别是第二象限的任务，使人们得以更有效地投入自身的长期发展和深层次成长。它激励我们减少在第三和第四象限的时间花费，从而更多地聚焦于对个人成长有实质性益处的活动。

以比尔·盖茨为例，这位微软联合创始人和慈善家深知重要但不紧急的任务对个人成长和内在精进的重要性。他定期进行所谓的"思考周"，这是他专门为深思熟虑和创新预留出的时间。在这些"思考周"中，盖茨会远离日常的紧急任务，专注于阅读、思考和探索新的想法。他这样做不仅为了微软的长远规划，也为了自己在技术和慈善领域的个人成长。这种将重要但不紧急的任务置于优先地位的做法，帮助他在繁忙的日程中保持创新思维，同时确保了他在个人和职业层面上持续成长。

四

四象限管理法是一种强大且专业的时间管理工具，它帮助我们识别并优先处理最重要的任务。这不仅可以提高我们的工作效率，也为我们的个人发展和内在成长提供了宝贵的时间和空间。通过合理运用这一方法，我们可以更好地平衡工作、学习和生活，实现个人和职业上的全面成长。

第五节　基于目标的行动计划

一

杰克·多西（Jack Dorsey），著名的技术企业家，推特和Square的联合创始人，是一位在实现复杂目标方面颇有造诣的专家。在职业生涯中，多西面临着各种复杂的挑战和高压任务。他通过运用基于目标的行动计划，有效地管理了自己的工作和个人成长。在开展每一个新项目时，多西首先明确项目的总体目标，然后将其分解为更小、更可管理的任务。为每个任务设定明确的截止日期和可衡量的成果标准，他能够持续跟踪进展，并适时调整策略以确保目标的实现。

这种方法不仅帮助他高效率地完成工作，还促进了他在技术创新、团队领导和企业管理方面的内在成长。例如，在发展推特这一社交媒体平台时，他通过设定具体的发展目标和时间线，逐步提升了自己在沟通和技术创新方面的技能，同时也加强了自己的领导能力和战略规划能力。

二

基于目标的行动计划，强调将大目标分解为小目标，并为每个小目标设定明确、可衡量的标准和时间线。这种方法的核心，在于它提供了一个清晰的路线图，帮助个人在追求长期目标的过程中，保持焦点和动力。在学习、工作以及个人成长中，这种方法特别有效。

首先，基于目标的行动计划使目标变得更加具体和可实现。通过将一个庞大的任务细分成一系列小任务，个人能够更容易地监控进展，逐步实现最终目标。

例如，著名网络作家忘语，在撰写其超长修仙小说《凡人修仙传》时，巧妙地将整部作品分解为十一个分部。他进一步细化了写作计划，设定每天完成一定字数的目标，确保整个创作过程有序进行。这种方法帮助他保持焦点，同时也使得庞大的写作项目变得更加可管理，最终完成了这部深受读者喜爱的小说。

同样，著名肯尼亚长跑运动员基普乔格（Eliud kipchoge），在准备马拉松比赛时，采用了类似的策略。基普乔格将其训练计划细分为逐周递增的跑步距离和强度，以此来逐渐提升自己的体能和耐力。这种精心规划的训练方法，不仅使他在多场国际比赛中获得佳绩，还帮助他在2018年柏林马拉松中打破世界纪录，使他取得了卓越的体育成就。

基于目标的行动计划通过设定明确的时间线，促使个人发展出更好的时间管理技能。以历史上的托马斯·爱迪生为例，他在发明过程中会设定具体的研究阶段和实验里程碑。爱迪生通过这种方法，保持了研究的连续性和系统性，最终发明了电灯泡和许多其他革命性的产品。另一个例子是马斯克在发展 SpaceX 和特斯拉时的做法。他为每个项目设定了明确的开发和测试里程碑，如 SpaceX 的每次火箭发射和特斯拉电动汽车的各个模型的研发。这种目标导向的方法不仅帮助他追踪进展，还提供了关键的反馈点，促进了及时的调整和优化。

三

基于目标的行动计划，是将向内生长的社会原则中慢速和当下原则，巧妙地应用于处理大型、长期或复杂的任务。这种智慧的根源可以追溯到古代。老子在《道德经》第六十三章中便有精妙的论述："为无为，事无事，味无味。""图难于其易，为大于其细。天下难事，必作于易；天下大事，必作于细。"这段话深刻地揭示了通过简化复杂、分解难题的方式，将大事化小、难事化易的智慧。

四

基于目标的行动计划，跟目标设定与追踪原理紧密相关。

在认知行为框架中，目标的明确性和可衡量性被视为实现目标的关键因素。例如，在心理学研究中，研究者们经常通过设定具体的实验目标和评估标准来跟踪研究进展，如在研究焦虑治疗效果时，他们会设定降低焦虑评分的具体目标，并定期使用心理量表来评估治疗进展。这种方法要求个人不仅设定具体的目标，还需要定期自我检查以跟踪进展。

这对于个人的内在成长至关重要。通过不断地自我监控和评估，个人能够更好地理解自己的强项和弱点，从而在必要时进行调整和改进。例如，在心理咨询中，咨询师会引导客户设定改善心理健康的具体目标，如减少焦虑发作的频率，然后通过定期的会话来评估客户的进步和挑战。这种自我反思的过程，不仅有助于完成特定的任务，更重要的是，它促进了个人的自我意识和自我提升。客户通过这一过程逐渐学会了如何识别和调整自己的思想和行为模式，从而促进了心理健康和个人成长。

五

基于目标的行动计划，是一种强大而有效的方法，能够帮助个人在忙碌的日常生活中有效地管理任务，并促进内在成长。通过明智地设定和追踪目标，我们不仅可以提高工作和学习效率，还可以在实现这些目标的过程中实现自我提升和内在精进。

第六节　改变思维习惯

一

一个阳光明媚的下午，在加州的著名会议中心举行的 TED 演讲中，心理学家卡罗尔·德韦克（Card S. Dweck）以其平和而充满热情的声音引起了听众的极大兴趣。德韦克女士，拥有斯坦福大学的博士学位，长期致力于智力和个性心理学的研究。她穿着一件专业的深蓝色西装，自信地站在舞台中央，背后是她的主题幻灯片"思维模式的力量"。

当她开始讲述她的研究时，整个房间变得鸦雀无声。她介绍了一个关于青少年学生在数学考试中表现的研究。研究涉及数百名不同背景的学生，这些学生被问及他们对智力的看法。结果显示，那些相信智力可以通过努力提升的学生（即持有"成长型思维"）在考试中的表现，普遍优于那些认为智力是固定不变的学生（即持有"固定型思维"）。

德韦克教授的演讲不仅提供了详细的数据支持，还辅以真实的学生案例，使她的观点更具说服力。她的话语中充满了对教育的深刻洞察和对学生潜能的真诚信任。随着演讲的深入，听众被她的研究成果和对教育改革的热情所打动。她的演讲不仅引起了在场听众的强烈共鸣,也在教育界引发了广泛的讨论。

通过这次演讲,德韦克不仅在学术界树立了自己的地位,也让更多的人认识到了思维习惯对个人成长和学习成就的重要性。她的话语,深深植根于每一位听众的心中,引发了人们对自我潜能和成长可能性的深刻思考。

二

思维习惯,这一概念涉及我们处理信息和面对挑战时所采用的一贯思维模式。在个人向内生长的旅程中,改变这些根深蒂固的思维习惯,无疑是一项既艰巨又漫长的挑战。然而,正是这一转变,对我们的生活质量和成功具有深远的影响。

例如,成长型思维习惯的人,在面对困难和失败时,通常不会沉溺于挫败感,而是更多地看到其中的学习和成长机会。他们不将失败视为自我能力的否定,而是作为提升和进步的催化剂。

在创业领域,拥有适应性思维的创业者,能更快地从初期的挫折中恢复,调整策略,并寻找新的市场机会。他们视每一次失败为积累经验的宝贵机会,而不是终结点。

在艺术创作中,具有开放型思维的艺术家往往能够接纳并欣赏多样性和新颖性。他们乐于尝试不同的艺术风格和技巧,从而丰富自己的作品并拓宽视野。

在学术研究中,持有批判性思维习惯的学者,更倾向于对现有理论和假设提出质疑。他们通过深入分析和严密推理,推动了学术领域的创新和发展。

在日常生活中,具备感恩型思维的人,往往能在平凡中发现美好。他们习惯于感激身边的人和事,这种积极的情绪态度有助于提升个人幸福感和心理健康。

在抖音和微信社区中，我们经常可以看到持有僵化思维的人们，在网络舆论的洪流中坚持他们的观念，无论面对多少事实证据，也不愿意改变自己的认知。他们往往对新信息抱有抵触态度，不愿接受与自己观点相悖的观念。这种思维方式限制了他们视野的拓展，阻碍了知识和理解的增长。相比之下，那些拥有灵活思维的网民，更愿意接受新信息，愿意在不同的观点和信息中寻找平衡点。他们在社交媒体上展现出的开放性和接纳性，不仅帮助他们获得了更广泛的知识和见解，也促进了社群内更健康、更具建设性的讨论氛围。

三

改变思维习惯的过程始于自我觉察。这意味着我们需要识别并理解自己在特定情境下的思维模式。拿历史上的伟人托马斯·爱迪生来说，每当他在实验中遭遇失败时，他并未选择放弃，而是视每次"失败"为寻找成功的一种方式。这种积极的自我对话——将"我做不到"转化为"我正在学习如何做到"——体现了一种强大的内在力量。

第二个步骤是挑战和替换那些负面的自我对话。以亚伯拉罕·林肯为例，面对职业生涯初期的连续失败，他没有沉溺于"我不够好"的想法，而是不断寻找改进和成长的机会，最终成了一位伟大的总统。

第三个步骤就是建立新的思维习惯。这不是一蹴而就的过程，而是需要持续的努力和实践。就像曼德拉所展现的那样，通过长期的反思和不懈的自我鼓励，他从狱中的囚犯，成长为一国之领袖，他的思维模式从激进转变为包容和理解。

此外，改变思维习惯还涉及有效的情绪管理。情绪极大地影响我们的思考方式。以历史人物海伦·凯勒为例，在面对生来即是聋盲的巨大挑战时，她通过不懈的努力和积极的心态管理，学会了与世界沟通。凯勒通过持续的冥想和正念练习，不仅克服了自己的障碍，更成为一位著名的作家和演说家,她的故事激励了无数人。

四

改变思维习惯是一场持续的内在旅程,它要求我们识别并改造内心的对话。通过不断的学习、实践、情绪管理和自我反思,我们可以培养出更积极和适应性强的思维方式。

第七节 精益学习

一

苹果公司的成功故事,源自其对产品设计的革新,更深层次地,它体现在苹果对生产流程的精益管理上。

精益管理的概念,起源于20世纪的日本,由丰田汽车公司的创始人之一大野耐一开创。大野耐一以其独到的洞察力,推动了一种全新的管理哲学——减少浪费、提高效率,同时保持对质量的不懈追求。

苹果公司汲取了这种管理哲学的精髓,将其融入公司文化和运营。在苹果,每一个产品的细节,都经过精心策划和执行,确保从设计到生产,每一步都达到最高的效率和价值。精益管理在苹果的应用不仅改善了生产流程,也成了一种促进创新和持续改进的动力。

随着时间的推移,这种精益的思维模式,超越了制造业的边界,逐渐渗透到教育和个人发展领域。精益学习作为一种理念,是在这样的历史背景下诞生的。它继承了精益管理的核心原则——效率、去浪费和持续改进,并将这些原则应用于学习和知识传递的过程。在教育界,精益学习的出现,象征着一种转变,从传统的、以教师为中心的教学模式,向更为高效的、以学生为中心的学习方法转变。

如今，无论是在苹果公司内部，还是在全球的教育机构中，精益的理念都在推动着效率的提升和创新的发展。这种思维模式的传播，不仅是一个商业和教育领域的进步故事，也是一个关于如何通过持续学习和改进，驱动个人和组织向更高目标迈进的启示。

二

精益学习，源自精益生产的理念，旨在通过最高效的方式进行学习和知识传递。这一概念在教育、企业培训、个人发展等多个领域都得到了广泛的应用。精益学习的核心特点包括价值导向、去浪费、持续改进、即时反馈、流程优化、实践导向和数据驱动等。

价值导向是精益学习的基石。它强调从"顾客"（学生、员工或其他学习者）的角度出发，关注哪些知识和技能对他们最有价值。例如，一个企业培训项目，会首先识别员工最需要的技能，然后围绕这些技能设计课程，确保学习内容与实际工作紧密相关。在高校的教育环境中，价值导向可以表现为调整课程大纲，以满足当前就业市场的需求，例如增加数据分析和编程技能的课程。对于在线学习平台，这意味着提供个性化的学习路径，根据用户的职业背景和兴趣来推荐课程。而在小学教育中，教师可以侧重于培养学生的批判性思维和解决问题的能力，这些是 21 世纪最受重视的通用技能。通过这样的方法，无论是在企业、学校还是在线教育环境中，精益学习都能确保所提供的知识和技能对学习者来说是最有价值和实用的。

三

去浪费，则要求在学习过程中减少或消除各种浪费。这包括不必要的复杂性、冗余信息和不相关的内容。例如，在学习一个新的软件工具时，课程应该集中在最关键的功能上，避免花费时间在很少使用的特性上。在进行语言学习时，课程可以专注于常用词汇和实用短语，而非罕见的、文学性的语言表达。对于管理培训，重点可以放在实际的案例研究和决策模拟上，减少理论上的长篇讲解。在编程课程中，可以聚焦于实际应用广泛的编程语言和框架，而非较少使用的或过时的技术。在体育教学中，教练选择专注于提高学生的基本运动技能和体能，而不是过分强调复杂的战术理论。这样的方法确保了学习过程中的每一步都是高效和必要的，从而提高了整体的学习效率。

持续改进是精益学习的另一个关键特征。这涉及不断地检查、评估和改进学习过程，以适应不断变化的需求和环境。比如，教师或培训师需要定期获取反馈，根据学习者的进展和反馈调整教学方法和内容。在企业培训中，这往往意味着根据员工的工作绩效和职业发展需求调整培训计划。对于在线课程开发者，持续改进包括但不限于利用学习者的点击率和完成率数据，来优化课程结构和内容。在专业技能培训中，比如医疗或法律培训，不断更新课程内容以反映最新的行业标准和实践是必要的。在学校教育中，教师可能需要根据学生的测试成绩和课堂参与度来调整教学策略。在体育训练中，教练可以根据运动员的体能测试结果和比赛表现来调整训练计划。这些不断的改进和调整，确保学习过程始终与学习者的需求和环境保持一致，从而提高学习效果。

四

即时反馈能使学习者快速调整和优化自己的学习路径。在精益学习环境中，学习者会收到及时且有针对性的反馈，帮助他们明确自己的强项和需要改进的地方。例如，在在线语言学习平台上，学习者完成一个语言练习后，立即获得关于语法和发音的反馈，这样他们可以即刻意识到自己的错误并加以改正。又如，在工作场所的技能培训中，员工在模拟的客户服务练习后，立即获得上级或同事对其沟通技巧和处理问题方法的反馈，使得员工能够迅速理解并提高自己在真实工作环境中的表现。

流程优化，涉及通过系统性地分析和改进学习流程，使之更加流畅、自然。这可能意味着重新安排课程结构，使学习更加连贯，或者改进教学方法，使之更加高效。例如，在大学的商学课程中，教授们有时会通过整合相互关联的主题，如市场营销、财务管理和运营策略，以项目为基础的方式来教学，使学生能够更好地理解这些领域是如何在实际业务中相互作用的。又如，在中学的数学课程中，教师采用分层教学法，根据学生的学习能力和速度提供不同层次的教学内容，从而使每个学生都能在适合自己的节奏下学习，提高整体的学习效率和效果。

实践导向，强调在实际操作和实践经验中学习，而不仅仅是学习理论知识。例如，一家软件开发公司，在培训中安排员工进行实际的编码挑战和项目工作，而不仅仅是讲解编程理论。通过这种方式，员工不仅学习到如何编写代码，还能学会如何在真实环境中解决问题和协作。又如，医疗护理培训，在模拟环境中进行紧急医疗响应演练，或者在监督下对真实病人进行临床实习。这样的经验使护理人员不仅学习了理论知识，而且能够在实际工作中应用这些知识，从而更好地面对真实的医疗挑战。

数据驱动，即通过收集和分析相关数据，持续地优化和个性化学习体验。例如，一家大型在线教育平台，使用算法分析学生在不同课程中的参与度和完成率，从而确定哪些课程最受欢迎，哪些需要改进。又如，在企业培训环境中，通过收集员工在培训模块中的表现数据，HR 团队可以评估哪些培训最有效，哪些需要调整。

在日常生活中，精益学习的原则同样适用。比如，一位希望提高健身技能的人，可以应用精益学习的原则，专注于最有效的训练方法，去除无效的练习，持续跟踪进展并做出相应调整。同样，一个学习新语言的人，可以集中精力在最常用的词汇和语法上，而不是浪费时间在很少使用的结构上。

五

精益学习不仅是一种教育或培训的方法,它还是一种思维方式,强调效率、价值和持续改进。在快速变化的现代社会中,无论是个人还是组织,都可以从精益学习中受益,提高自己的学习能力和适应性。

第八节　有益替代

一

美国著名作家马克·吐温,以其尖锐的幽默和深刻的社会批评闻名。然而,他在个人生活中面临着严重的吸烟问题。据记载,马克·吐温一度每天吸烟超过二十支。这个习惯不仅影响了他的健康,还干扰了他的工作和生活。马克·吐温为了克服这个不良成瘾习惯的困扰,决定通过强迫写作来替代吸烟。每当他想吸烟时,就会强迫自己投入写作,利用创作来转移注意力。这种替代不仅帮助他减少了对烟草的依赖,也促进了他的文学创作。

温斯顿·丘吉尔,在第二次世界大战期间以坚定不移的领导和雄辩的演讲闻名,但他同时是一个著名的重度饮酒者。为减缓并克服这一嗜好,丘吉尔有意识地利用绘画作为替代行为来平衡自己的生活。他发现绘画不仅能够帮助他放松心情,还能激发他的创造力。通过绘画,他能够暂时远离政治和战争的压力,享受宁静和专注的时刻。

二

在现代社会,人们常常沉溺于各种习惯性行为,如刷手机、玩视频游戏、过量饮食、过度吸烟和饮酒等,以此来应对压力或逃避现实。心理学中精神分析学派(代表人物是弗洛伊德)及进化心理学派(如戴维·巴斯、莉达·科斯米德斯、约翰·图比等代表人物）的理论认为，依赖行为本质上还是在满足人类本能行为原则（最佳感觉原则、阻力最小原则和能量最小原则）。例如，一个常玩视频游戏的年轻人，其实是在不自觉中，寻求阻力最小原则的满足，旁及追求最佳感觉，即玩游戏是他当时所有行为决策中阻力最小的决策，虽然不是最佳决策。类似地，经常刷手机的人是在追求即时的信息满足和社交联系，这是一种本能的社交驱动，涉及追求最佳感觉和阻力最小，虽然会导致注意力分散和睡眠质量下降。过量饮食者，通常是在寻求口感上的快感和心理上的慰藉，这反映了对舒适和满足等最佳感觉的本能追求，虽然可能带来健康问题。而那些过度吸烟的人，通常是在寻求缓解紧张和焦虑的方式，追求当下最佳感觉，虽然长期来看对身体健康有严重影响。同样，过度饮酒通常是一种逃避现实的手段，暂时性地满足了逃避的本能，追求阻力最小的行为决策。这些例子都显示了人类行为背后的本能动机，以及它们在现代社会中的不良后果。

面对这样的问题，心理学家提出了"有益替代"这一概念。

所谓"有益替代"，即找到健康和有益的替代行为，来满足相同的心理需求。例如，对于那些沉迷于视频游戏的年轻人，如果玩游戏主要是为了减压和寻找兴奋感，他们可以尝试参与体育活动或进行户外探险，这些活动同样可以提供兴奋感和压力释放，同时促进身体健康和社交交往。对于频繁刷手机的人，可以尝试读书或参与线下社交活动，这不仅满足了获取信息和社交的需求，还能帮助减少屏幕时间，提高生活质量。过量饮食者可以转向烹饪健康食物或参加健康饮食课程，这样既能满足口感上的享受，又能提高饮食质量。对于过度吸烟者，可以尝试使用尼古丁替代品或参加戒烟支持小组，这有助于逐渐减少对烟草的依赖，同时提供社交支持和压力管理。过度饮酒者则可以探索参加社交活动而不涉及饮酒，或者尝试发现新的爱好，这样能够逐渐减少对酒精的依赖，同时丰富个人生活。这些替代行为不仅能满足原有的心理需求，还能带来额外的健康益处。

三

实际上，替代行为的选择和实践是一门艺术。以运动为例，一个人如果不喜欢跑步，可以选择游泳、骑自行车或瑜伽等其他形式的运动。如果游泳也不是特别喜欢，他可以尝试团队运动如篮球或足球，这些运动不仅有助于提高体能，还能增强团队合作能力和社交技巧。或者，如果喜欢更安静、内省的活动，太极或者普拉提也是很好的选择，它们强调身体与心灵的和谐统一。关键在于，要找到自己喜欢且能持续进行的活动。

此外，建立新习惯的过程中，设置合理的目标和奖励机制也非常重要。例如，可以设定每周至少进行三次运动，每完成一个月的目标就奖励自己一次小旅行，或者购买一件喜欢的物品。如果目标是提高阅读习惯，可以设定每天阅读至少 30 分钟，并在阅读完一本书后奖励自己一顿美味的晚餐或看一场电影。对于那些想减少使用社交媒体的人，可以每减少半小时的屏幕时间，就允许自己进行一次短暂的户外散步或与朋友见面，这样既减少了屏幕时间，又增加了真实世界中的互动。通过这些方法，新习惯的建立会变得更加有趣和可持续。

四

有益替代的实践对个人的长期发展极为重要。它不仅能帮助人们摆脱不良习惯，还能促进身心健康，提高生活质量。心理学家强调，通过有益替代，人们可以更好地认识和控制自己的行为，学会更加积极和健康地应对生活中的压力和挑战。长期而言，这种积极的生活态度和习惯，能够带来更加和谐的人际关系，以及更高的个人成就感。

第九节 设定界限与退出机制

一

奥普拉·温弗瑞,除了是一位著名的电视节目主持人和作家,还是一名演员,在电影界也有着显著的成就,曾出演过多部影片和电视剧,这也是许多中国观众熟悉她的原因之一。她的多元化职业生涯,增加了她在日程安排和时间管理上的挑战,比如她面临的一个常见的挑战,是如何在繁忙的媒体事业和个人生活之间找到平衡。作为一个广受欢迎的公众人物,她的日程安排非常紧密,不仅包括主持电视节目、参与慈善活动,还有出席各种社交聚会。

然而,奥普拉展现出非凡的时间管理能力。她的一天通常从早晨的瑜伽和冥想开始,这是她为自己设定的"我时间",用以充电和准备一天的工作。即便在最忙碌的日程中,她也会确保有时间进行这些放松和自我照顾的活动。在工作时间,她全神贯注于录制节目、筹划活动,但一旦工作结束,她便会切换到私人生活模式,与家人和朋友共度时光,或沉浸于阅读和写作中。

奥普拉尤其擅长在重大事件和紧迫的截止日期之间设定明确的界限。例如,在录制一个特别节目的时候,她会提前计划,并在录制结束后给自己安排一段时间,来处理其他事务或简单放松。她在节目录制和社交活动之间,经常安排短暂的休息时刻,以此来恢复精力。这种自我管理的能力,不仅帮助她保持了高效的工作状态,也保护了她的健康和幸福感。

奥普拉的成功秘诀之一就是她的"退出机制":在每天结束时,她会有意识地与工作隔离，将自己的注意力转向私人生活。这样的习惯帮助她实现了工作和生活的平衡，避免了过度疲劳和压力。

二

设定时间和界限的原则，是将娱乐和其他生活领域（如工作、学习、家庭）明确分开。这意味着要为娱乐活动划定一个固定的时间段，例如每天晚上7点至9点。在此期间，个人可以自由享受娱乐活动，而在其他时间，则专注于工作或家庭。这种方法有助于保持生活的平衡和秩序，同时防止娱乐活动无限期地蔓延到其他生活领域。

预先设定退出机制，则是在参与娱乐行为之前，制定一个明确的结束标准或时间点。例如，在开始观看电视剧前决定只看两集，或者在玩游戏前设定一个闹钟提醒自己何时停止。这种机制有助于个人在娱乐活动中保持自律，防止沉迷和过度消耗时间。

三

心理学家在研究成瘾行为时发现，人们往往在缺乏清晰界限和自控机制的情况下，更易沉迷于某种活动。例如，在一项关于网络成瘾的研究中，科学家发现那些没有明确设定娱乐时间和界限的人，更容易陷入网络游戏或社交媒体的无尽循环中。相反，那些能够自我设定界限的人，通常能够更好地控制自己的行为，保持生活的平衡。

此外，在一项针对购物成瘾的研究中，研究者发现在没有预先设定购物预算和目的的情况下，个人更可能进行冲动购物，并对此感到后悔。然而，那些习惯于列出购物清单并坚持预算的人，则能够有效控制自己的购物行为，减少不必要的支出。

还有，关于电视节目和电影的过度观看行为，研究表明缺乏自我控制的人，更容易长时间沉迷于连续剧或电影，从而忽视了其他重要的生活责任。而设定观看时间限制的人，例如每天只观看一到两集或限定观影时间，通常能够更好地平衡娱乐和其他生活任务。

四

预先设定退出机制也非常重要。从神经科学的角度看，当人们参与愉悦的活动时，大脑会释放多巴胺，这是一种与奖励和愉悦感相关的神经递质。若没有适当的界限和退出机制，这种奖励机制往往导致个人反复寻求同样的愉悦体验，从而形成成瘾性行为。

例如，在一项关于手机使用的研究中，那些没有设定具体的使用时间限制的人，往往会长时间沉浸在手机屏幕前，导致睡眠质量下降和社交活动减少。相比之下，那些设定了明确的手机使用时间，如晚上9点后不使用手机的人，能更好地控制自己的手机使用习惯，保持健康的生活方式。

另一个案例是关于咖啡和含咖啡因饮料的消费。有些人没有设定日常咖啡摄入的上限，往往会过度依赖咖啡来保持精神状态，并可能导致咖啡因依赖和睡眠障碍。而那些设定每日咖啡摄入量限制的人，例如每天最多两杯，更能有效控制自己的咖啡消费，减少健康风险。

在体育锻炼方面，一些人往往过度投入锻炼，尤其是在追求体重减轻或肌肉增长的目标时，这通常会导致过度训练和身体伤害。相反，设定合理的锻炼时间和强度，如每周锻炼不超过五次，每次不超过一个小时，可以帮助个人保持健康的锻炼习惯，避免过度消耗和伤害。

在实践中，设定界限和退出机制，不仅有助于防止娱乐行为演变为成瘾行为，还能促进个人的自我管理能力和自律。例如，一个学生在准备考试期间，通过明确规定每天学习和休息的时间，有效平衡学习和休息，避免过度放松或紧张。同样，一个工作繁忙的职场人，通过设定工作与家庭时间的界限，可以更好地保持工作和生活的平衡。

五

通过设定界限和退出机制,我们不仅能够有效控制娱乐行为,避免其成为生活的负担,还能够提升自我管理能力,实现工作、学习和休息的和谐平衡。这不仅有助于防止成瘾行为的产生,还能促进个人的整体福祉和生活质量的提升。

第八章 入世中向内生长

鉴于人类生活的复杂多变性，个体亟须遵循更高级别的最佳实践，以确保在社会生活中不失去方向，同时增强自身的社会适应能力。这些实践不仅有利于个人的成长和发展，还对族群乃至整个社会的繁荣有着积极影响。因此，人类总结并发展了一系列旨在促进入世向内生长的最佳实践。这些实践在提升我们的社会生活技能和生活质量方面起了关键作用，进而帮助我们实现个体与社会的共生共赢。

第一节 生涯规划与知识图谱

一

物理学家理查德·费曼，以其独特的天赋和对科学的深刻理解，在20世纪科学史上留下了不可磨灭的印记。作为量子电动力学的先驱，费曼不仅获得了诺贝尔物理学奖，而且因其"费曼图"闻名于世，这一创新工具至今仍是粒子物理学中不可或缺的部分。

费曼对知识的渴求和持续学习的态度，在他的整个生涯中表现得淋漓尽致。他不仅在物理领域取得了卓越成就，还涉猎了生物学、哲学、艺术等多个领域。他的生涯规划体现了对知识的深刻理解和终身学习的承诺。

费曼认为，学习不仅仅是积累知识，更是一种理解世界的方式。他致力于将错综复杂的物理概念转化为平易近人的语言。在加州理工学院的授课时，他以深刻而又易于理解的方式进行讲解，赢得了学生们的广泛喜爱。他的课程、讲座被精心整理，编纂成《费曼物理学讲义》，此书不仅成为物理学领域的经典教材，而且至今仍然是学界广泛采用的重要资料。

费曼在知识图谱的构建上，体现了其对多学科融合的前瞻性思考。他对纳米科技的预见仅是众多事例之一。在1965年的著名演讲"底层世界里有足够的空间"中，费曼提出了微观尺度操控物质的可能性，这被广泛认为是纳米科技领域的开创性思想。此外，费曼在量子计算领域也提出了独到的见解。他是最早提出利用量子现象进行计算的科学家之一，从而奠定了量子计算的理论基础。费曼还对生物物理现象表示出极大的兴趣，他对蛋白质折叠的研究，尽管未能在当时取得重大突破，但他的思考方式，对后续的生物物理学研究产生了重要影响。

二

生涯规划和知识图谱不仅是职业发展的工具，更是一种生活方式。生涯规划，是指个人为了实现职业和个人发展目标而进行的有意识的规划和努力。它不仅包括职业目标的设定，还涉及个人技能和知识的提升，通常包括目标设定、路径规划、时间安排和风险评估与备选方案四个步骤。

目标设定，是生涯规划中的核心环节，就是明确你的个人和职业发展目标，这些目标既可以是长期的，也可以是短期的。例如，一位软件工程师，将成为项目领导作为长期目标，短期目标则是掌握新的编程语言。一位教育工作者，将成为学校管理层作为长期目标，短期则专注于提升教学方法和技巧。对于一名运动员，长期目标是参加国际比赛，短期目标则是提高特定技能或体能。通过这种方式，个人可以更有针对性地规划自己的职业道路和个人成长，确保每一步都朝着既定目标前进。

路径规划，是生涯规划中至关重要的一环，它涉及根据设定的目标来规划具体的实现路径。这不仅包括你期望达到的职位，还包括所需的技能和知识等。

　　例如，一位计算机科学家的路径规划，包括在顶尖科技公司工作几年，然后获得博士学位，最终成为该领域的研究专家。一位市场营销专业人士，计划先在一家初创公司获取实战经验，随后攻读 MBA，以便晋升为市场营销总监。而一位志向远大的厨师，计划先在不同风格的餐厅实习，以学习多元化的烹饪技巧，随后参加专业培训，最终开设自己的餐厅。通过这样的路径规划，个人能够清晰地勾勒出达到目标的途径，逐步积累所需的经验和能力，为实现职业和个人发展目标铺平道路。

　　时间安排，它涉及对目标和路径进行时间序列化，创建一个时间表或路线图，从而有效地跟踪和管理进程。

　　例如，一位心怀抱负的作家，计划在两年内完成第一本小说的初稿，同时每周安排固定时间进行写作和研究。一位建筑师，设定在五年内得到高级建筑师的职位，期间每年完成特定数量的项目和持续的专业培训。一名商业分析师，计划在未来三年内通过参加行业会议、网络研讨会和在职培训，来不断提升数据分析和市场预测的能力。通过这样详细的时间安排，一个人能够更加系统和有序地推进自己的职业发展计划，确保每个阶段的目标都能按时实现。

　　风险评估与备选方案，涉及考虑在实现目标过程中可能遇到的风险和挑战，并为此准备相应的备选方案。例如，一位企业家考虑到在创业过程中可能面临市场波动的风险，因此预先考虑多元化产品线，或调整营销策略作为应对措施。一名演艺界新人，面对职业不稳定的挑战，决定同时培养编剧或导演技能，作为职业多样化的备选路径。一位科研人员，其研究方向可能会因资金缩减而受限，因此提前规划了多个研究项目，以便在某一项目受阻时,可以迅速转换焦点。这样的风险评估和备选方案的准备,确保了即使在面临挑战和不确定性时,也能保持职业发展的连续性和灵活性。

三

知识图谱,是一种系统化的知识和技能结构,它帮助我们更清晰地识别和组织我们所需的知识。构建知识图谱包括四个部分,分别是知识域识别、层级与连接、优先级与依赖性、更新与迭代。

知识域识别,是构建知识图谱的初步步骤,它涉及确定你需要掌握的各个知识领域或技能。

例如,一位数字营销专家,通常需要识别和掌握搜索引擎优化(SEO)、社交媒体营销和数据分析等关键技能。一位机械工程师,往往专注于掌握计算机辅助设计(CAD)、材料科学以及自动化技术。一名教师,知识域的识别往往包括学科知识、教学方法论、课堂管理技巧等多个方面。通过这样明确地识别所需的知识和技能,个人可以更有效地进行学习和专业发展,确保在其职业领域内保持竞争力和专业性。

层级与连接,是知识图谱构建中的一个关键步骤,它涉及在所识别的知识和技能之间建立层级和连接,形成一个系统化的结构。例如,对于一位软件开发者来说,基础的编程语言知识是第一层级,接着是软件架构设计的中级层级,最后是高级的系统优化技术。一位金融分析师,首先关注基本的经济原理,然后是复杂的金融工具和市场分析方法,最终达到对投资策略的深层次理解。对于一名健身教练,初始层级包括基本的运动生理学和训练原则,其次是特定的训练技术和营养知识,最后是针对不同人群的个性化训练计划。这种层级与连接的方法,可以帮助个人以结构化的方式,逐步深入掌握各个领域的知识和技能,形成全面且系统的理解。

优先级与依赖性,涉及标识哪些知识和技能是更基础的,哪些是高级或专门的,以及它们之间的依赖关系。

例如,在医学领域,基本的解剖学和生理学知识,是初级阶段的重要基础,随后是更复杂的临床诊断技能,最终是专业的外科手术技巧。对于一名软件工程师,掌握编程基础如 Python 或 Java 是初级阶段的关键,进而发展到理解复杂的数据结构和算法,最后是专业的软件开发和系统设计。在教育领域,教师首先需要了解教育心理学的基本原则,然后是具体的教学方法和策略,最后专注于特定的教育技术或特殊教育需求。这样明确的优先级和依赖性设置,可以帮助个人更有效地组织学习进程,确保在学习过程中,逐步构建起完整且高效的知识体系。

更新与迭代,涉及随着个人在生涯和学习路径上的进展,不断更新和优化其知识图谱。

例如,一位从事数字营销的专业人士,初期集中于掌握社交媒体广告和内容营销的基本技能,但随着行业的发展和个人职业的进步,他发现需要更新知识图谱,加入最新的数据分析技术和人工智能营销策略。同样,一位教育工作者,在职业生涯初期专注于基础教学技能和课程设计,但随着时间的推移,他发现需要学习新的教育技术,如在线教学工具和学生评估方法,以适应教育领域的变化。通过不断地更新和迭代,个人能够确保其知识和技能与时俱进,满足不断变化的职业要求和个人发展目标。

四

生涯规划与知识图谱之间存在着密切的互动。生涯规划为我们提供明确的目标和方向,而知识图谱,则是实现这些目标的方法和工具。在持续学习的过程中,生涯规划和知识图谱相互适应,随着新技能的学习和目标的变化而不断演进。这种结合使我们的学习目的性更强、效率更高,助力个人和职业的全面成长。

第二节 非暴力、倾听与同理心沟通

一

在管理学和心理学领域，沟通是构建高效团队和健康人际关系的关键。这一点在谷歌的亚里士多德项目（Project Aristotle）中得到了深入的体现。

亚里士多德项目是谷歌在2012年启动的一项内部研究项目，目的是探索构成成功团队的关键因素。这个项目的名字来源于古希腊哲学家亚里士多德的名言"整体大于部分之和"，强调了团队合作的重要性。

通过对公司内数百个团队的分析，该项目发现，心理安全是团队成功的关键因素之一。

心理安全指的是团队成员感到在团队内部表达意见和犯错误是安全的，不必担心遭受羞辱或惩罚。在这样的环境中，成员更容易分享想法，提出问题，承认错误并学习和创新。

在具体的实践案例中，谷歌发现在多元化的工作环境中，团队成员来自不同的文化背景，拥有各种观点和工作风格。当一个团队成员因为文化差异误解了另一个成员的意图时，谷歌的团队负责人采用非暴力沟通的方式进行介入。他们首先明确指出存在的沟通差异，并鼓励团队成员表达自己的真实感受和观点。这种沟通方式不仅缓解了紧张的气氛，而且帮助团队成员理解了彼此的文化差异和工作方式，从而促进团队成员之间的相互理解和尊重。该项目的这一发现和实践，不仅提高了谷歌团队的协作效率和创新能力，也证明了在多元化团队中，有效的沟通和理解对于项目成功的重要性。

二

心理安全与沟通的概念说明，在一个具有心理安全的环境中，个体能够自由表达观点和感受，而不用担心遭受不利影响。这种环境鼓励个体接受反馈、挑战自我并进行自我提升和内在精进。

非暴力沟通（NVC）是一种强调同情心、共情和合作的沟通方式，它与暴力沟通形成鲜明对比。

让我们以美国航空公司的一起真实案例来看看什么是暴力沟通。一位机长在一次航班操作中犯了一个错误，这个错误虽然没有导致严重的后果，但被航空公司的安全部门注意到。安全部门的经理在评估该情况时，采用了暴力沟通的方式。他对机长说："你这是怎么飞的？你的这种操作可能会导致严重的安全问题！你是不是根本不在乎乘客和同事的安全？"在这种暴力沟通的方式中，经理使用了负面标签（如"不负责任的操作"）和对机长动机的错误推测（"不在乎安全"），而没有考虑到可能的其他因素，如操作失误或对规程的误解。

这种沟通方式对机长造成了心理威胁，让他感觉自己被错误地评判和指责。这不仅损害了机长的自信心，也影响了他与安全部门的关系，进而可能影响到他未来的工作表现。在这种环境中，员工很可能会采取防御方式，减少沟通，这对于解决问题和促进安全文化是不利的。

相反，非暴力沟通的方式更具有建设性。面对同样的情况，安全部门的经理可以采用不同的方法。例如，他可以这样说："我注意到在这次航班操作中出现了一个问题，这让我有点担心。你能和我分享一下出现问题的原因吗？我们怎样才能在未来避免类似的情况发生？"这种方式通过观察而非评判、表达自己的感受和邀请对方分享，创建了一个平等和开放的沟通空间。通过这样的沟通，可以鼓励机长分享他的观点和遭遇的困难，同时促进双方一起找到解决方案，从而增强安全意识和团队合作。

三

倾听与同理心是非暴力沟通的核心。倾听不仅是听别人说话,而且要理解和接纳对方所表达的内容。同理心则是设身处地理解和感受他人的情感。例如,一个作家在与编辑沟通稿件时,如果能够倾听编辑的意见,将有助于建立更强的工作关系,创作出更好的作品。

在心理学家丹尼尔·卡尼曼的《思考,快与慢》中,他提到的系统一(快速、直觉的思维系统)和系统二(缓慢、分析的思维系统),在沟通中也有所体现。暴力沟通往往是系统一的快速反应,而非暴力沟通需要系统二的深思熟虑。通过慢速和专注,我们可以更好地运用系统二,提高沟通的质量和效果。

四

在面对创造性、新奇、风险、冲突和压力的任务时,非暴力、倾听与同理心的沟通原则尤为重要。这不仅可以提高工作效率和质量,更重要的是,它帮助我们更好地使用大脑,理解和掌握自己的专业领域,促进个人和团队的内在成长。通过这种方式,我们可以建立更健康、更有生产力的工作和个人关系。

第三节　多策略应对生活

一

在20世纪心理学的历史长河中,理查德·拉扎勒斯(Richard S. Lazarus)的名字犹如一颗耀眼的星辰,他在探索个体如何应对压力和挑战的过程中开辟了新天地。在1950年至1970年,拉扎鲁斯的研究逐渐成为心理学领域的焦点。他深入探讨了人们在面对生活压力时的认知评估过程,这一探索在当时的心理学界引起了广泛的关注。

随着时间的推移，苏珊·福尔克曼（Susan Folkman），一位充满智慧和洞察力的心理学家，加入了拉扎勒斯的研究行列。1980年初，福尔克曼与拉扎勒斯的合作，使这一领域达到了新的高度。他们共同探索了个体如何在各种压力情境下选择和运用不同的应对策略，这一研究不仅丰富了心理学的理论基础，也为后来的研究者和实践者提供了重要的指导。

拉扎勒斯和福尔克曼的研究成果将应对策略划分为两大类：问题导向的应对和情感导向的应对。问题导向的应对专注于解决引起压力的具体问题，如通过规划和行动直接面对挑战；而情感导向的应对，则着重于调整个体对压力情境的情感反应，比如通过寻求支持、重构认知来缓解负面情绪。这一划分为心理学家和临床医生提供了一个清晰的框架，用于理解和指导人们在面对生活中的压力和挑战时的应对方式。

拉扎勒斯和福尔克曼的工作，不仅是理论上的贡献，还在实践中产生了深远的影响。他们的理论帮助无数人更好地理解自己的压力反应，并学会了更有效地管理自己的情绪和挑战。如今，这些理论仍然是心理学教育和临床实践中不可或缺的一部分，影响着日常生活中每一个面临挑战的人。

二

多策略应对理论提供了一个全面的框架，用于理解个体如何在不同情境下选择和运用不同的应对策略。随着时间的推移，这一理论得到了不断的丰富和发展，包括了更多的应对策略，如寻求社会支持、积极重构以及逃避与回避等。

举例来说，张华是一位创业者，在启动他的新科技公司时遇到了重重困难。面对资金紧张、团队士气低落等问题，他感受到极大的压力。在这个关键时刻，张华选择了寻求社会支持的应对策略。他向前辈企业家寻求建议，与他的团队进行了开放和诚实的交流，甚至参加了创业者孵化组织。

这些措施不仅为他提供了宝贵的资源和指导，还极大提升了他的信心和团队的凝聚力。最终，他成功克服了初始阶段的挑战，公司也逐渐步入正轨。

再如，李婷是一位资深的营销经理，在一次重大的产品推广失败后，她面临职业生涯的重大挑战。初期，李婷感到失落和沮丧，但她很快意识到这样的情绪对她未来的职业道路无益。因此，她采取了积极重构认知的应对策略。李婷开始反思失败的经验，从中提取教训和成长点。她调整了自己对成功和失败的看法，将这次经历视为一个学习和成长的机会。通过这种方式，李婷不仅恢复了自信，还在后续的工作中表现出了更高的效率和创造力。

三

在现代生活中，这些理论被广泛应用于个人压力管理、心理健康干预以及组织行为研究。例如，企业中的员工福利项目和心理健康辅导就广泛采用了这些策略来帮助员工应对工作和生活中的压力。

蓝多湖（Land O'Lacks）公司总部位于明尼苏达州，是一家农业和乳制品公司，全球范围内拥有150多个办事处。公司启动了名为Life Even Better的健康计划，旨在提升员工的整体福祉，包括身体、财务和情感健康。然而，员工参与度在一段时间后停滞不前，健康问题反复出现。

为解决这一挑战，公司采取了多策略应对心理健康问题。首先，在现场健康中心引入了行为治疗师，提供咨询服务和创建虚拟支持团体。公司还提供了冥想和正念课程，组织虚拟冥想课程，并提供视频、电话和面对面的心理健康治疗。

公司注重支持弱势群体，为有色人种社群等提供特定的支持工具。治疗和心理健康辅导提供了包括认知行为治疗等多种方式。员工还可以通过移动设备或计算机得到这些行为健康支持。

蓝多湖公司的员工援助计划（EAP）和第三方转诊服务合作，提供高质量的心理健康服务。公司鼓励工作灵活性，包括混合工作模式，以支持员工的心理健康和工作与生活的平衡。

这些举措取得了显著的成果，包括高度的利用率和满意度，注册和康复率显著增加，公司缺勤率下降，生产力提高等。这些成果展示了多策略应对心理健康问题如何在工作场所中产生积极影响，提高员工福祉和工作绩效。

四

多策略应对不仅仅是一个理论概念，它还指导了我们在日常生活中的实际应用。通过理解和运用这些策略，我们可以更有效地应对生活中的挑战，提升个人的适应性和生活质量。

第四节　灵活的心

一

在近年来的 UFC 轻量级竞技中，哈比布·努尔马戈梅多夫（Khabib Nurmagomedov）的名字如同一道闪电划破综合格斗赛场的天际。他不仅是一位冠军选手，而且是一位技术高超、策略丰富的战斗艺术家。哈比布以其无与伦比的摔跤技术和地面控制能力而著称于世，但他真正的魅力在于其战术上的多样性和心理上的坚韧。

每当哈比布踏入八角笼，他都展现出一种难以预测的战术智慧。面对那些擅长站立交锋的对手，他就像一头狡猾的猎豹，巧妙地利用自己在摔跤上的优势，将对手锁定并带至地面，展开他的地面控制游戏。在这片他熟悉的领域里，哈比布总能找到战胜对手的关键。

然而，当面对与他同样擅长摔跤的对手时，哈比布又展现出另一种风格。他不再是那个专注于摔跤的战士,而是变身为一个敏锐的站立战斗者,以其出其不意的拳击和踢击技巧让对手措手不及。这种能力在与摔跤高手的较量中尤为关键,使他能够在对手的强项上占据优势。

哈比布的成功,不仅建立在其精湛的技术和对胜利的渴望之上,更重要的是建立在他对心理灵活性的深刻理解和实践上。他的每一场比赛都是心理灵活性在高压力竞技环境中应用的典范。

二

心理灵活性是一个综合性的心理能力,它涵盖了对内外环境的高度适应性、情境感知、多样的应对手段以及对情感和行为的灵活管理。它不仅仅是简单的应对技巧,更是一种涵盖情绪、认知、行为和社会互动等多个层面的综合性能力。它要求个体在认知上保持开放和适应性,在情绪上具有调节和表达的能力,在行为上能够灵活地调整自己以适应不同的环境和挑战。

我们每天都可以在不同的生活场景中,看到心理灵活性如何影响我们的应对方式。

比如羽毛球场上的对决。有些选手,如林丹和李宗伟,他们在比赛中总是能够根据对手的打法和比赛的走势灵活调整自己的战术。他们不会僵化地遵循某个预设的计划,而是根据实际情况灵活变化,这正是他们成功的秘诀。相比之下,那些心理不够灵活的选手往往只会按照既定的战略打球,即使这种策略在面对某些对手时效果并不理想。

再如,你被调到一个新的部门或项目组,这是一个全新的工作环境。心理灵活的人会快速适应这种变化,他们会尝试新的沟通方式和工作方法,以更好地融入新团队。而那些心理不够灵活的人可能会坚持使用在之前团队中有效的方式,即便这在新环境中并不奏效。

考虑到在重要场合下的表现,比如公开演讲或重要会议,心理灵活的人会选择接受自己的紧张和焦虑感。他们可能会运用深呼吸或正念等技巧来管理这些情绪，从而使自己专注于手头的任务。而那些心理不够灵活的人可能会避免这样的情境，或者给自己施加过高的完美标准，进而增加更多压力。

另外，设想一下和家人或朋友发生意见不合的情况。心理灵活性高的人在维护自己观点的同时，也愿意倾听对方的意见，并在必要时做出妥协或调整。相反，那些心理不够灵活的人可能会坚持己见，不愿意接受或考虑对方的观点，这可能导致冲突的加剧。

三

心理灵活性，作为一种复合性心理能力，涉及多个心理学层面的机制。其核心在于个体如何适应多变的内外环境，对情境进行敏锐感知，采用多样化的应对策略，并有效管理情绪和行为。这些心理机制包括环境适应性、情境感知、多样应对策略，以及情绪和行为的灵活管理几方面。

环境适应性意味着，当生活给我们带来压力和挑战时，我们的心理如何应对这些变化。它首先体现在我们的心理弹性上。就像一张能在重压下弹回原形的弹簧，拥有心理弹性的人在面对逆境时能够保持心态的稳定，并且能在困难过后迅速恢复到他们的正常心理状态。例如巴基斯坦女权活动家马拉拉·优素福扎伊，在2012年10月9日（当时她才15岁）遭遇塔利班运动武装人员枪击后，勇敢地恢复并继续她的教育活动。

此外，环境适应性还涉及适应性认知。这就像我们大脑中的一个灵活的导航系统，当遇到新信息或环境变化时，我们能够迅速调整思维导图，重新评估和适应新情况。例如，杰夫·贝索斯将从书店起家的亚马逊转型为全球最大的电子商务平台，体现了卓越的适应性认知。

情境感知，就是我们潜意识中的一种特殊的敏锐度，它使我们能够像探测器一样精确地捕捉到周围环境的每一个微妙变化，无论是一次轻微的情绪波动，还是社交互动中的一个细节。这种觉察力让我们能够在复杂的社会环境中游刃有余，不仅理解环境所传达的信息，还能够据此做出恰当的反应和选择。比如雷军，在他创办小米公司时，凭借对市场的敏锐洞察和对用户需求的准确把握，成功将小米打造成全球知名的科技品牌。

情绪和行为的灵活管理，帮助我们识别和理解情绪，让我们能够以适当的方式表达它们。同时，这种灵活性也体现在我们对自身行为的监控和调整上，就像我们有一个内部的监视器，随时准备在行为可能偏离轨道时，及时进行修正。

例如，诸葛亮就是一个在情绪和行为管理方面，表现出极高心理灵活性的人物，他不仅在战略规划和外交谈判上展现出卓越的能力，更在情绪控制和行为调节上，显示出非凡的自我管理能力。无论是在复杂的政治局势中，还是在激烈的战场上，他都能够冷静、理性地处理各种情况，从而作出最有效的决策。

四

在向内生长过程中提高心理灵活性，这需要时间、耐心和实践。首先，增强自我意识是一个关键步骤。这意味着要深入了解自己的情绪反应、思维模式和行为习惯。通过日常的反思和自我观察，我们可以更好地理解自己在不同情境下的反应和应对方式。

同时，学习新的思维方式也非常重要。这包括挑战和改变那些限制性的信念，学习从不同角度看待问题，或是尝试新的解决方案。灵活思考可以通过阅读、与他人交流、参加研讨会或培训课程来发展。

此外，情绪调节技能的培养也是提高心理灵活性的关键。这包括学会识别和接受自己的情绪，而不是回避或压抑它们。同时，掌握一些管理情绪的技巧，比如冥想、深呼吸或正念练习，可以帮助我们更有效地处理情绪波动。

另外,增加新经验和适应新环境,也有助于提高心理灵活性。这意味着要走出舒适区,尝试新事物,或是在不同的环境中寻找新的挑战。由此我们不仅能学到新技能,还能学会如何在变化中保持适应性和灵活性。

提高心理灵活性是一个持续的学习和向内生长过程,需要我们不断地自我观察、学习新技能,并在日常生活中实践这些技能。

第五节　勇于承认错误

一

理查德·尼克松,美国第37任总统,在任期间发生的水门事件成了美国政治史上的一个重大丑闻。1972年6月17日,五名男子被捕于华盛顿水门大厦内,他们涉嫌非法闯入民主党全国委员会的办公室并窃听。这一事件迅速引起了媒体和公众的关注。尼克松起初坚决否认自己和白宫与窃听事件有任何关系,他在多个公开场合包括1973年11月的著名电视讲话中断言:"我不是骗子。"

随着记者鲍勃·伍德沃德和卡尔·伯恩斯坦的深入调查,以及司法部和国会的持续追查,涉及水门事件的证据开始浮出水面。1973年,尼克松的白宫法律顾问约翰·迪恩在参议院听证会上作证,暴露了尼克松政府试图掩盖其在事件中的角色。此外,尼克松的助手亚历山大·巴特菲尔德,揭露了尼克松办公室的录音系统,这些录音系统记录了许多关键对话。

1974年,最高法院以8∶0的裁决要求尼克松交出相关录音带。这些录音带的内容最终证实了尼克松政府试图掩盖其在水门事件中的角色。面对日益增长的政治和法律压力,尼克松于1974年8月8日通过电视向全国发表讲话,宣布辞职。他的辞职避免了可能的弹劾审判,但同时他成了美国历史上第一位辞职的总统。

在辞职后的几年中，尼克松开始对自己在水门事件中的行为表示了遗憾。他在后来的采访和回忆录中承认，自己在处理事件过程中犯了错误，特别是在危机管理和公开沟通方面。这一转变标志着他从最初的坚决否认，到最终的承认错误的心理和政治态度变化的过程。

二

在社会互动和向内生长中，勇于承认错误不仅具有深刻的心理价值，而且在道德和社会层面上也有显著的益处。这种承认不仅是一种道德上的选择，更是个人向内生长和发展的关键步骤。承认错误有助于形成更加真实和成熟的自我概念，人们通过面对和接受自己的不完美，学会自我反省和成长。

根据认知失调理论，个人在面对行为与信念不一致时会感到心理不适，这种不适感是内在成长的一个重要推动力。通过承认错误，个人被迫面对并调整原有的认知和信念，促使对自己的行为和思维方式进行深入反思和修正。此外，阿尔伯特·班杜拉的社会学习理论强调了模仿和观察学习的重要性，一个领导者或公众人物的勇于承认错误，不仅促进了个人的内在成长，也可以成为他人学习和模仿的榜样。这种自我调整和成长，有助于个人在心理和情感上成为更加完整和均衡的个体，同时也为社会整体树立了正面的示范效应。

三

不仅在社会和心理层面，承认错误在向内生长方面更具深远意义。在多种哲学和宗教传统中，正直与谦逊被视为人格的核心品德，向内生长也首重道德原则。

例如，在古希腊，哲学家苏格拉底常在其思想探索过程中承认自己对某些事物的无知。同样，孔子在《论语》中也多次表达了自己认识的局限性和不断学习的重要性。他说:"三人行,必有我师焉。"老子在《道德经》也强调说:"知不知,尚矣;不知知,病也。圣人不病,以其病病。夫唯病病,是以不病。"

承认错误,从本质上来说,是个人诚实和谦卑品质的体现。这不仅是对外在行为的修正,更是对内在自我认知的深化。通过承认错误,我们不仅展现出对真理的尊重,还表现出对个人完善的追求,这在历史上的许多贤者身上都有所体现。

美国斯坦福大学心理学教授卡罗尔·德韦克提出"成长心态"概念,强调在面对挑战和失败时保持积极态度的重要性。当我们勇于承认错误时,实际上是在培养一种从失败中学习和成长的心态。这种心态使我们更加开放,愿意接受新的观点和不同的批评,从而在个人和专业生活中不断进步和发展。

承认错误的过程也与情商的发展紧密相关,涵盖自我意识、自我管理、社会意识和关系管理等方面。这种行为不仅体现了对自身情绪的识别和理解,也反映了有效的情绪管理以及在社会互动中的适当应对。例如,英国前首相戴维·卡梅伦在2016年英国脱欧公投后,承认了对公投结果的估计失误。他的这一承认,展示了他对情境的深刻理解和对自己决策的反思,也显示了他在面对挑战时的情商。

美国前国务卿希拉里·克林顿,作为参议员,在2002年支持了伊拉克战争的决定,并在后来对此表示了遗憾。在她的自传中,希拉里清楚地表达了对这一决定的反思,承认了自己的判断失误。这种自我批评和反省,不仅是勇气的体现,也反映了她的高情商,尤其是在自我意识和社会意识的管理上。

四

承认错误是一种显示勇气、情绪智力和人际关系技能成熟的行为。这种自我反省和责任感不仅可以增强个人的领导力,也为公众树立了积极榜样。承认错误是一个涉及道德、心理、情感和社会多个层面的复杂过程,它既是对行为的纠正,也是内在自我深化的过程。通过这一过程,我们提升了个人的情感智力和社交能力,为社会营造了更健康和谐的环境。

第六节　适应情境

一

古希腊智者赫拉克利特曾经说过一句著名的话:"人不能两次踏入同一条河流。"这句话深刻揭示了世界和生活的本质——变化。

随着时代的发展,人们开始意识到,不仅是自然界在不断变化,人的内心世界和社会环境也同样充满了变数。

19世纪末,随着工业革命的兴起,人们的生活节奏加快,社会结构和工作方式也发生了翻天覆地的变化。这一时期,心理学家开始探索如何帮助人们适应快速变化的环境。

进入20世纪,随着心理学的不断发展,情境适应能力逐渐被提上日程。心理学家们开始关注个体如何在不断变化的环境中保持心理平衡和效能,因为那些能够灵活适应不同情境的人,无论在个人生活还是职业发展中,都更能获得成功和满足。

到了21世纪,随着全球化和技术革新的加速,我们的生活变得更加复杂多元。情境适应能力不再仅仅是心理学家研究的话题,它已经成为每个人必须面对的挑战。现在,无论是在工作中,还是在私人生活中,我们都需要学会如何在不同的情境下调整自己的行为和心态,以应对不断变化的环境。

二

将向内生长的适应原则运用于社会生活过程中，提升情境适应能力，可以通过四个核心的最佳实践来实现，它们分别是情境感知训练、反馈机制、角色扮演和模拟练习，以及自我观察和反思。

情境感知训练，要求我们学会如何更加敏锐和准确地评估周围环境的需求和挑战。这种训练通常包括对不同情境下的社会动态、文化背景以及人际关系的深入了解。例如，通过观察和分析成功人士如何在不同的社会场合中调整自己的行为，可以学习如何更好地理解并适应不同的社会环境。比如以观察一位经验丰富的外交官为例，他在不同国家的外交场合中，能够巧妙地调整自己的交流方式和行为举止，以符合当地的文化习俗和沟通风格。如果观察一位国际商务谈判专家，会发现他在处理跨文化的商业谈判时，能够准确捕捉到对方的非言语暗示和文化特点，从而在谈判中更加得心应手。再如，如果观察一位社会活动家，会发现她在推动社会变革的过程中，经常需要与不同背景、不同观点的人群交流。这些观察将向你揭示情境感知训练中，敏锐和准确地评估周围环境的需求和挑战的重要性。这样的观察和评估在日常生活中的任何时候都可以进行训练。

三

建立有效的反馈机制，是促进情境适应的重要途径。它涉及接受并分析他人的反馈，以便调整我们的行为和策略。这可以通过定期与同事、朋友或导师进行交流来实现，让他们提供关于我们在不同情境中表现的真实反馈。

例如，刚步入职场的年轻员工，通过定期向经验丰富的同事和上级请教反馈，学习如何在专业环境中更有效地沟通。教师通过向学生和同行收集反馈，以了解自己的教学方法在某些情境下是否有效。创业者在发展自己的初创公司时，通过客户反馈了解到产品在某些方面的不足。通过定期收集和分析反馈，我们可以更好地理解自己的行为如何影响他人，从而更有效地适应各种不同的情境和环境。

四

角色扮演和模拟练习，是提高情境适应能力的有效方法。通过在一个安全和支持的环境中模拟不同的情境，我们可以实验和调整自己的行为。例如，通过模拟面试、公开演讲或团队合作的场景，我们可以在实际面对这些情境之前，预先练习和完善自己的应对策略。

此外，自我观察和反思，是持续改进的关键。它要求我们定期回顾自己在不同情境中的表现，思考哪些做法是有效的，哪些需要改进。这可以通过写日记、制定个人反思报告，或与心理咨询师交流来实现。通过这种方式，我们不仅能够深入了解自己的行为模式，还能学会如何根据不同情境进行更好的调整。

五

通过以上四个方面的最佳实践，我们能够逐步提升自己的情境适应能力，从而在不断变化的社会生活中找到适合自己的节奏和路径。

第七节　认知重塑

一

电影《功夫熊猫》，描绘了在遥远的古代中国，有一只胖乎乎的熊猫，名叫阿宝。他梦想成为一名功夫大师，却屡屡被困在自己的局限性里。

阿宝在自己的小世界里，是一个卖面条的普通人，他总是梦想着做出伟大的事情，但内心深处，却一直认为自己做不到。他每天都在自己的面馆里边工作边幻想，但始终没有勇气迈出那一步去实现自己的梦想。

阿宝的生活因一个偶然的机会发生了转变。他意外被选为"龙勇士",本应是他一生的荣耀,却成为他心中恐惧的源头。他面临着巨大的挑战:一个邪恶强大的对手太郎,一个他认为自己绝无可能战胜的敌人。在他的心中,那个强大的反派不仅仅是一个敌人,更是他心中自我怀疑和不自信的化身。

随着故事的发展,阿宝开始接受训练,但最初他的表现令人失望。他不断地跌倒,失败,而且似乎没有任何进步。每一次的失败都在他心中加深了一个信念:"我做不到。"这个信念像一座山一样压在他的心头,让他几乎喘不过气来。

然而,随着时间的推移,在乌龟大师、浣熊师傅以及他的养父平先生的启发下,阿宝一次次认识到,真正阻碍他的不是他的身体,不是他的技能,而是他的思维。他的认知在这个过程中一次次被重塑。在一个充满启示的瞬间,平先生打破了他心中最后一道枷锁——信念枷锁,他领悟到,他之所以一直无法超越自己,是因为他从未真正相信过自己能够战胜太郎,而世界上真正的武道天书内容是相信自己。他开始挑战自己最大的对手太郎,将那些"我做不到"的声音变成"我可以尝试"。

当阿宝改变了他的思维模式后,奇迹发生了。他不再是那个总是失败的笨拙熊猫,而是变成了一个真正的功夫大师,并战胜了人们认为不可战胜的太郎。阿宝的每一次进步都证明了一个道理:改变思维,就能改变一切。

二

认知重塑,简而言之,是一个关于改变思维方式,即认知的过程。它基于这样一个认识:我们的思维模式,不论是积极的还是消极的,都深刻地影响着我们的情感状态和行为选择。在心理学领域,认知重塑被视为一种强大的工具,用于帮助个体识别、质疑并最终改变那些不合逻辑或负面的思维模式。

认知重塑的过程，开始于对个人思维模式的深入了解。人们需要识别出那些无助于自身成长，甚至是有害的思维模式。例如，类似"我做不到"或"我不够好"这样的自我贬低的想法，往往会导致挫败感和自限。同样，一位经常认为"我总是倒霉"的人，往往会无意中忽视生活中的积极方面，而这种悲观的思维模式，通常会导致持续的情绪低落和错失机遇。再如，一个经常思考"别人总是比我好"的人，会陷入持续的比较和嫉妒中，这种思维模式会削弱他们欣赏自己成就和价值的能力。还有那些认为"如果我做不完美，就意味着我失败"的人，这种完美主义的思维会使他产生极大的压力和对任何形式失败的过度恐惧……通过识别这些模式，个体可以开始质疑它们的真实性和合理性。

识别负面思维是认知重塑的过程中最关键的步骤，需要个体对自己的思维模式有深刻的自我觉察。以下是一些识别负面思维的有效方法，我们在之前的章节中都谈到过，分别是：

日常反思。每天花时间回顾一天中的思维模式。注意那些反复出现，引起负面情绪反应的想法。

情绪日记。记录当天引起强烈情绪反应的事件和相应的思维。这有助于识别那些常常与负面情绪相关联的思维模式。

质疑自我对话。注意你大脑里面内在对话的内容。询问自己："这种思维是否合理？是否有证据支持或反驳这种想法？这种思维是否有助于我的幸福和目标？"

识别认知失调。这包括如"全有或全无"的思维（事物非黑即白，没有中间地带）、过度概括（基于有限的经验做出普遍性结论）、以偏概全（看到事物的某一方面，而忽略其他方面）等。

寻求外部反馈。与信任的朋友、家人或心理咨询师分享你的思维模式，他们可能提供不同的视角帮助你识别负面思维。

认知行为疗法（CBT）技巧。CBT 提供了一系列工具和技巧，用于识别和改变不合逻辑或负面的思维模式。通常这些技巧在专业心理咨询师的指导下学习效果最佳。

情绪感知训练。学会识别不同情绪的身体和心理反应。通常情绪的变化，可以作为触发负面思维的一个信号。

练习正念和冥想。通过正念和冥想练习，增强对当前时刻思维和感受的觉察。这有助于捕捉那些通常在无意识中出现的负面思维。

通过这些方法，你可以逐渐学会识别并处理那些不利于你个人成长和获得幸福的负面思维模式。记住，这是一个逐步的过程，需要时间和练习，但其长远的益处是显著的。

三

接下来，认知重塑的核心在于挑战和改变这些被识别出来的负面思维。这一过程涉及用更加积极和现实的观点来替换旧有的负面思维。例如，将"我做不到"转变为"我可以尝试"，或是将"我不够好"转变为"我在不断进步"。同样地，将"我总是倒霉"的思维改为"每个挑战都是成长的机会"，可以帮助个体看到困境中的潜在价值。对于那些常感觉"别人总是比我好"的人来说，转换思维为"每个人都有其独特的长处和成长路径"，可以减少无谓的比较，更专注于个人成长。而对于那些倾向于完美主义、认为"如果我做不完美，就意味着我失败"的人，改变思维为"每一次尝试，不管结果如何，都是成功的一部分"，即尝试失败接纳与迭代的方式，可以有效减少内在的压力和对失败的恐惧。在这一挑战过程中，最重要的方式是应用戒律原则和重复原则，坚持每天挑战自己的负面思维。此外，还有许多挑战负面思维的方法，这些方法我们在前文中大多介绍过，但也有几个是新的方法。下面是这些方法：

证据检验。当你遇到负面思维时，要求自己提供支持和反对这种思维的证据。比如，如果你认为"我做不到"，问问自己："我有什么证据表明这是真的？我过去有哪些成功的经验可以证明我可以做到？"

替代思维。寻找更加积极和现实的思维来替代负面思维。例如，将"我总是失败"替换为"我有时候会遇到挑战，但我也学会了许多东西"。

苏格拉底式提问。使用苏格拉底式的提问法来质疑你的负面思维。例如，问自己："这种思维是否合理？是否有助于我解决问题或达成目标？"

长期视角。考虑这种思维在长期内的影响。问自己："五年后，这件事还会重要吗？这种思维是否有助于我的长期目标？"

心理距离。尝试从第三人称角度审视问题，想象一个朋友有着相同的问题和思维，你会如何帮助他们挑战这种思维？

正念练习。通过正念和冥想，学习观察自己的思维而不做出即时反应。这有助于你从更客观的角度分析这些思维。

专业咨询。如果自己难以应对，考虑寻求专业心理咨询师的帮助，他们可以提供个性化的指导和有效的策略来挑战负面思维。

行为实验。将你的负面思维放到实验中去验证。比如，如果你认为"我不擅长社交"，可以尝试更多的社交活动来检验这个假设。

挑战极端化思维。避免"全有或全无"的极端化思维，学习看到事物的多样性和灰色地带，而不是以是与非区分一切。

自我同情。对自己的挑战和失败表现出同情和理解，而不是批判和苛责。这有助于创建一个更加支持性的内在环境，以促进思维的积极改变。

四

认知重塑在不同生活场景和心理健康领域有着广泛应用，比如在抑郁症和焦虑症的治疗中，它帮助患者识别和改变那些加剧症状的负面思维模式。通过逐步替换这些消极认知，患者能够逐渐减轻情绪负担，提高生活质量。

认知重塑是一种强大的工具,它不仅在心理健康治疗领域中发挥着重要作用,而且为我们在日常生活中面对挑战提供了有效的应对策略。

第八节　宽恕和原谅的力量

一

在20世纪初的日本,有一位名为西田几多郎的哲学家深受佛教的影响,他的生活和理论中都充满了对宽恕与和解的深刻理解。

西田几多郎年轻时曾遭遇一次深刻的人生挑战。一个曾与他共同研究哲学理论,共度许多思想交流时光的伙伴,在一个关键的时刻,出于自身利益的考虑,公开反对他的理论,并在一个重要的学术会议上,发表了针对他的理论的尖锐批评。这不仅在学术圈内引起了轩然大波,也严重损害了西田的声誉。

这场背叛,不仅动摇了西田几多郎的职业生涯,削弱了他在同行中的信誉,更重要的是,它触动了他内心深处对友情、信念和荣誉的重视。在当时日本社会中,个人荣誉至关重要,朋友的公开背叛对西田来说是一次沉重的心理打击。对于这样的背叛,人们常见的反应是愤怒和寻求报复。西田在一段时间内也深陷其中,他的心灵被愤怒和仇恨的毒液侵蚀,不断在意识中编织着复仇的图谋。然而,经过一段时间的挣扎,西田开始审视自己的情感反应和内心的苦楚。他深入研究了佛教和西方哲学中关于宽恕的教义,逐渐领悟到,唯有通过宽恕,他才能切断内心深处"怨恨—复仇幻想—更多怨恨—再次复仇幻想"的恶性循环链条。这是一条违反直觉的自我解脱之路,但唯其如此才显得更深刻伟大。他意识到,持续怀抱愤怒和仇恨，实际上是对自己心灵的束缚，而宽恕，则是打破这种精神枷锁的钥匙。

随着时间的推移，西田几多郎不仅宽恕了曾经伤害他的朋友并恢复了内心的平静，还恢复了他们之间的友谊。这一转变深刻影响了他的哲学思想，促使他更加专注于研究并提出了具有深远影响的理论。他开始重视人与人之间的和谐共生，探索通过内心转变实现心灵平静的途径。这不仅为他带来了学术上的显著成就，也使他的精神更成熟、深邃。

二

在哲学、宗教和心理学中，愤怒、怨恨和仇恨始终三位一体。怨恨是阶段性的愤怒，而仇恨是更持久而深沉的愤怒，三者都来自内心对外界事物或经历的评价。人类的思维器官是这样工作的：评价是情感的触发器，而愤怒的情感一旦产生，人们的意识作为人类本我的服务者，就要想出解决方案来平息愤怒带来的不适感觉，以满足本我对于最佳感觉的追求。换言之，此时人类的意识思维变成了其先天本我潜意识的奴仆，而愤怒这种情绪感觉由潜意识产生出来，本身又是催促意识思维去设想解决方案的鞭子，从而一种永无休止的恶性循环就形成了：愤怒—评价和思考—再愤怒—再评价和思考……如同一条乌洛波洛斯衔尾蛇——"自我吞食者"——这一古老的宗教及神话符号，它正是佛家"无明"的代表，是近代一些如卡尔·荣格一样的心理学家们描绘的人类心理原型。它此时像自动机器一样把思维—情感循环变成沸腾的浊水，淹没了意识自性的清明。而破除这一循环的，唯有向内生长中不执原则主张的宽恕、原谅和放下，一种在静夜沉思或白日梦时对付自我摧毁的利刃，斩灭一条条扑向意识自性的心魔和一根根束缚它自由的绳索，日夜不断，使内在的本我不断良性生长。

三

心理学视角下，宽恕和原谅的影响力显得尤为深刻。正如西田几多郎的经历所示，它们不仅帮助人们处理负面情绪如愤怒、悲伤或受害感，更重要的是，它们促进了心理的恢复和成长。在心理学研究中，宽恕被视为一种有效的情绪调节策略，它能够减少心理压力、提升幸福感，并增强人际关系。通过原谅，个体能够从过去的创伤中解脱出来，实现自我释放和重建。

在哲学和宗教视角中，宽恕和原谅被赋予了更深层次的意义。佛教将宽恕视为消除痛苦和达到内心平静的重要途径。佛教教义强调，释放怨恨和愤怒，是达到内心和解与平和的关键。同样，在基督教中，宽恕是对他人的爱和怜悯的体现，是基督教道德教义的核心。基督教教导信徒，要像上帝一样宽恕他人的过错，这不仅是对他人的慈悲，也是实现自我的精神成长。

在管理学领域，宽恕和原谅的重要性日益凸显。在团队管理和组织文化中，宽恕被视为提升团队合作和减少冲突的关键因素。通过培养宽恕的文化，组织不仅能够创造一个更为和谐的工作环境，还能增强员工之间的信任和尊重，从而提高团队效率和整体绩效。宽恕在这里不仅是个人层面的情感释放，更是一种促进团队和谐与组织发展的战略手段。

四

宽恕和原谅，虽然主要是通过沉思和联想过程进行，但在实践中也有一些非常具体的方法和练习。比如首先是心理治疗中的宽恕训练。这种训练旨在帮助个体认识到持续怀恨的负面影响，并学会通过各种技巧和策略来释放这些情绪。例如，通过写作、对话或心理剧等反思方式，让个体表达和处理自己对过去事件的感受，从而达到内心的和解和平静。

另一种方法则还是我们熟悉的冥想练习。冥想，特别是正念冥想，已被证明对缓解心理压力、增强自我意识和提升情绪调节能力有显著效果。通过专注于当下、接受而非评判自己的感受，你可以学会放下怨恨和愤怒，从而达到内心的平和。

另一个有效的方法，是喜欢写作的人们发明的写作疗法。通过写下自己的感受和经历，你能够更好地理解和处理这些情绪。这种方法由于强行将负责制造情绪的社交脑区的兴奋，切换到负责理性思维的左脑写作脑区的兴奋，在帮助人们表达自己的同时，也把人拉回理性，从一个新的角度看待过去的经历，从而发现宽恕和原谅的可能性。

当然，与心理咨询师合作也是一种有效的途径。专业的心理咨询师可以提供个性化的指导和支持，帮助个体探索自己的情感体验，找到最适合自己的宽恕和原谅的方法。

五

宽恕和原谅不仅是心灵的疗愈之道，也是促进人际和谐与社会稳定的重要工具。作为一种内在的力量，它帮助我们超越过去，开启心灵的新篇章。

我们鼓励读者在日常生活中实践宽恕和原谅。通过理解并运用这些原则，我们可以更好地处理负面情绪，提升个人的心理健康，加强人际关系，并为社会的和谐发展作出贡献。宽恕和原谅，不仅能够治愈个人的心灵创伤，也能够促进社会的整体进步。

后 记

亲爱的读者:

在《向内生长》这本书的篇章中,我与您分享了我的向内生长旅程和见解。多年来,对向内生长的兴趣一直在我心中燃烧,引领我深入研究古今中外的相关理论和实践。从最初的散乱研究、茫然探索到逐渐领悟,我的探求之路跨越了宗教、民间文献,直至心理学领域。

在这一过程中,我不断提升自己在向内生长方面的知识并持续实践。我所获得的,远超知识的积累,更包括心灵的安宁与坦然,情感的平和与满足,以及行为的规律与有序。正是这些收获,让我情绪更加稳定,生活更加丰富。因此,我特别希望通过我的文字,将这些年来的研究和实践成果分享给更多的人,希望我的经历能为您的生活带来一些启发。

写作这本书对我来说是一个极具挑战性的过程。然而,它也为我带来了巨大的收获。我不仅整理了自己的思维,还在理论和知识上有所提高。写作中,我复习过去的笔记,重读曾经翻阅的书籍,同时参考了更多关于向内生长、心理学和社会学等方面的新作品,还浏览了大量网络资源。这一切不仅是对我个人知识的整理,更是一次思想的飞跃。

在这本书的写作过程中,我深深体会到学习和成长的无穷魅力。希望我的文字能够触动您的心灵,引导您在向内生长的路上迈出坚定而有意义的步伐。书中不足和不妥之处，敬请读者提出宝贵意见，并深表歉意。

感谢您的阅读和陪伴，愿您的生活充满平和、爱与智慧。

陈 勇

2024 年 3 月于江苏建湖